快乐来自对心灵的呵护

幸福源于对生活的驾驭

女性要懂心理学

NÜ Xing YaoDong XinLiXue

姚会民□编著

天津科学技术出版社

图书在版编目(CIP)数据

女性要懂心理学/姚会民编著.—天津：天津科学技术
出版社，2010.5
ISBN 978-7-5308-5632-1

Ⅰ．①女... Ⅱ．①姚... Ⅲ．①女性心理学－通俗读物 Ⅳ．①B844.5-49

中国版本图书馆CIP数据核字（2010）第059755号

责任编辑：刘丽燕　徐兰英

责任印制：白彦生

天津科学技术出版社出版

出版人：蔡　颢

天津市西康路35号　邮编 300051

电话（022）23332398（事业部）　23332697（发行）

网址：www.tjkjcbs.com.cn

新华书店经销

北京大河印务有限责任公司印刷

开本 710×1000　1/16　印张 14.5　字数 185 000

2010年5月第1版第1次印刷

定价：29.00元

健康的心理，成功的人生

玫琳凯·艾施是玫琳凯化妆品公司的创始人和名誉董事长。这个以5000美元起家的离婚女人，创造了目前年销售额超过20亿美元，拥有50万名美容顾问，业务发展到34个国家的跨国集团。玫琳凯通过富有感性的管理和逐步深入的培训，发挥美容顾问潜在的能力，她以不断的鼓励来提升女性的自尊和自信，为此玫琳凯公司被称为女性的"梦想公司"，并获得国际上不同妇女组织的多次奖励。1999年，玫琳凯·艾施女士和居里夫人、特丽莎嬷嬷一起被评为20世纪最有影响的妇女。2000年美国终身线上网站票选结果，玫琳凯·艾施女士荣获"20世纪商业界最具影响力女性"殊荣。美国《福布斯》杂志评选出200年来20位全球企业界最具传奇色彩并获得巨大成功的人物，她是其中唯一的女性。她从最初的小店面，到现在已经将业务拓展到37个国家，销售组织高达75万个，2000年的销售额达到130亿美元的大公司，这是她45岁开始创业的结果。这位直销行业的"皇后"，玫琳凯王国的缔造者，成功女性的典范，以她丰富多彩的一生和令人惊叹的成就，在世界商业历史上画上了浓重的一笔，她的非凡故事留传至今，演绎为钢筋水泥筑就的城市里一则不朽的现代传奇。数次婚姻挫折的磨砺，加上敢于创业的雄心和"丰富女性人生"的服务宗旨与定位，使一个不平凡女子的传奇和毅力永远镌刻在人类的历史上。

玫琳凯的成功就在于她有一颗健康的心，以及母亲传给她的自信一直陪伴她。许多心理专家对成功女性的分析认为，她们之所以成功，最重要的就是良好的心理素质，拥有健康的心理。

一位伟人说过："健康的心理能吸引财富、成功、快乐和健康；不健康的心理则是心灵的垃圾，不仅排斥财富、成功、快乐和健康，甚至排斥生命中所有美好的东西。"但是，当今社会的变迁，生活节奏的加快，市场竞争的激烈，使女性的心理所承受的压力不断增大。另外，工作的压力，情感和婚姻的困惑，家庭矛盾的困扰，子女教育的问题，自我素质的矛盾等，无不对女性产生强烈的心理冲击，危害着个人的身心健康，所以，心理健康成为现代女性生活幸福的直接因素。

现实中，每一个追求幸福与成功的女性都要重视自身的心理问题，要学会自我肯定，自我疏导，以健康的身心迎接社会与时代的各种挑战，才能在如此快节奏的现代社会里把握自己，使自己在生活中更加成熟，在工作中更加突出。所以，女人要懂点心理学，要掌握一点审视自己心理状况、调节心理问题的方法，做自己的"心理医生"。

而本书正契合了女性的这种需求，从女性日常生活中常常遇到的一些心理问题着手，"对症下药"，提出了一些具体可行的方法策略。希望本书能给您带来帮助，希望您在阅读完本书后，能帮您成为更健康、自信、出色、美丽的幸福女人。

目 录
contents

>> 第一章

学会呵护心灵，让好习惯滋生幸福

幸福的滋味是建立在恬淡的心态上的，而幸福的生活也是来自于良好的习惯。生活是对女人心灵的磨炼和洗礼，学会呵护自己的心灵，学会以接纳和感恩的态度面对生活，生活才会给你想要的东西。

一、在心中播下幸福的种子 ………………………… 002

二、快乐其实是一件很简单的事 …………………… 005

三、生活的道路上需要自信相伴 …………………… 007

四、用热情驾驭你的生活 …………………………… 009

五、绝望中给自己一个希望 ………………………… 011

六、对生命道声"谢谢" ……………………………… 013

七、生活需要平淡的心 ……………………………… 015

八、永远微笑着面对生活 …………………………… 017

九、怀着甜美的憧憬入梦 …………………………… 019

十、学会接纳才能心中坦然 ………………………… 021

>> **第二章**

驱散心头阴云，真诚换来快乐相伴

快乐源于心灵的纯净，没有乌云的天空才会阳光灿烂。女性细腻而感性的心灵容易受不良因素的影响，让自己迷失在坏情绪的沼泽地。这时女性就需要拨云见日，驱除杂念，还心灵一片晴空。

一、走出虚荣的迷雾 ………………………………… 024
二、浇灭忌妒的烈火 ………………………………… 027
三、勒住贪婪的野马 ………………………………… 029
四、掐断多疑的念头 ………………………………… 031
五、放弃不切实际的追求 …………………………… 033
六、不要被金钱迷惑 ………………………………… 035
七、让情绪不再失控 ………………………………… 037
八、不为过失过分懊悔 ……………………………… 039
九、莫让过去成为负担 ……………………………… 041
十、不要让依赖束缚生命 …………………………… 043

>> **第三章**

化解生活压力，放下就会轻松

现代社会的快节奏发展，给人们的生活、工作、学习都带来了很大的压力。面对压力，很多女性难以应对，给自己带来了诸多的困扰。只要能保持放松的心态，就可以举重若轻，潇洒处之。

一、不做都市"郁女" 046

二、别把工作当成苦役 049

三、轻松搞定生活琐事 051

四、消除晋职后与原同事间的尴尬 053

五、如何面对强势的老板 055

六、总是担心失业为哪般 057

七、当家庭和事业难兼顾时 059

八、30岁女人该"生"还是该"升" 061

九、产后抑郁都不见 063

十、化解与婆婆之间的矛盾 065

>>> 第四章

走进恋爱季节，小心避开心理陷阱

懵懂的女孩与爱情不期而遇，该如何应对这突如其来的"意外"？其实，爱并不可怕，只是需要理智，小心避开各种心理陷阱，才能呵护"爱情之花"热烈绽放。

一、关于豆蔻年华的梦幻——初恋 068

二、众里寻她千百度——一见钟情 071

三、"情人眼里出西施"的审美错觉 073

四、走出"流水无情"单恋困境 075

五、爱就勇敢地大声说出来 077

六、网恋是危险的游戏 079

七、爱上我的老师怎么办 081

八、别让恋父情结困扰恋爱路 083

九、不做"飞蛾投火"的女人 085

十、别指望一个男人无条件地爱你 087

十一、让爱情恐惧症远去 089

>>> 第五章

巧施妖媚小计，机灵抓住男人真心

女人的可爱来自她的天真无邪，来自她的温柔妖媚。女人要多个心眼儿，会施小计的女人才更具吸引力，能把男人紧紧握在自己的手心里。

一、给他体贴入微的关怀 ……………………… 092

二、做"贤妻"，更要做"美妻" ……………………… 094

三、用赞美挑起他良好的自我感觉 ……………… 096

四、在人前人后要给他十足的面子 ……………… 098

五、决不轻视他的工作和收入 …………………… 100

六、让他也有一些自己的小秘密 ………………… 102

七、创造浓郁清新的小情调 ……………………… 104

八、让男人留恋你做的美食 ……………………… 106

九、躲开他，让他回来找你 ……………………… 108

十、管他就像放风筝，收放要适度 ……………… 110

>>> 第六章

面对感情漩涡，冷静终能化险为夷

爱情是最容易让人迷失的。当美好的幻想破灭，当自己心有偏移，深陷情感漩涡之中的女性该如何应对，才能力挽狂澜，化险为夷呢？保持内心冷静，才能避免一切困惑和误会。

一、当男友身边蜂飞蝶舞时 114

二、当发现对方并不完美时 117

三、当双方个性难以融合时 119

四、当双方再没有秘密时 121

五、当爱情变得平淡时 123

六、做好恋人到夫妻的角色转换 125

七、试婚的游戏不好玩 127

八、不做"恐婚"的落跑新娘 129

九、离有"杀伤力"的老男人远一点 131

>>> 第七章

遭遇婚姻告急，坦然才会避免伤害

"婚姻是爱情的坟墓"，此话虽然有点言过其实，却也并非全无道理。夫妻在婚后会面临各种考验和困境，彼此的感情可能会与日俱增，也可能会产生裂痕，女人需要用心来避免各种伤害，让爱情之花常开不败。

一、当丈夫遭遇绯闻时 134

二、当夫妻两地分居时 137

三、当和丈夫距离越来越大时 139

四、当婚姻遭遇"第三者"时 141

五、当婚姻遭遇家庭暴力时 143

六、当婚姻遭遇"七年之痒"时 145

七、当面对婚姻破裂的结局时 147

八、需要重入围城时 149

>> 第八章

处世要有心计，智慧帮你度过难关

在现代社会，女性越来越多地参与社会活动，虽然她们中的一些人在能力上有自身的不足，但同时也有很多优势，如果善于运用心理技巧，巧妙地化解难题，赢得喝彩。

一、保持自己的本色 152

二、多个朋友多条路 155

三、提前放贷人情债 157

四、凡事不必太较真 159

五、巧用温柔克刚强 161

六、眼泪是很有效的武器 163

七、撒娇也是一种艺术 165

八、要善用沉默 167

九、学会吃亏的智慧 169

十、掌握变通的办事艺术 171

十一、话要学会绕着说 173

十二、学会说是，也要敢于说不 175

>> 第九章

理财更要理心，淡然才能积累财富

俗话说："你不理财，财不理你。"君子爱财取之有道，女子爱财也要善于经营。现实生活中有很多诱惑，如何把钱花得值，如何赚取更多的钱，都需要用心去打理。

一、拒绝打折的诱惑 178

二、准备一个流水账本 180

三、钱靠赚，不是靠攒 ………………………… 182

四、永远不要做"卡奴" ………………………… 184

五、不被房贷绊住脚 …………………………… 186

六、剩者为王，省钱即赚钱 …………………… 188

七、偷着攒点私房钱 …………………………… 190

八、买只"基"来生"蛋" ……………………… 192

九、有策略地花男人的钱 ……………………… 194

十、别把金钱和感情混为一谈 ………………… 196

>> 第十章

提升心灵魅力，才情成就精彩人生

女人的美丽在外表，魅力却在内涵。做个有品位、有魅力的女人不是一件容易的事情，首先修"心"是很重要的。善于培养自身才情的女人，才能让自己更加光辉闪亮，美丽动人。

一、气质是女性的魅力之源 …………………… 200

二、内涵是女性的魅力之本 …………………… 202

三、温柔是魅力女性的本色 …………………… 204

四、优雅是女性最好的化妆品 ………………… 206

五、品位是时间打不败的魅力 ………………… 208

六、简单是女性幸福的归宿 …………………… 210

七、自信是女性幸福的源泉 …………………… 212

八、智慧是永不退色的美丽 …………………… 214

学会呵护心灵，
让好习惯滋生幸福

第一章

　　幸福的滋味是建立在恬淡的心态上的，而幸福的生活也是来自于良好的习惯。生活是对女人心灵的磨炼和洗礼，学会呵护自己的心灵，学会以接纳和感恩的态度面对生活，生活才会给你想要的东西。

一、在心中播下幸福的种子

做个幸福女人，是每个女人一生最大的梦想，但是幸福到底在哪里呢？很多女性为此困惑。其实，幸福就在每个人的身边，幸福存在于每个人的心里。只要你在心中播下幸福的种子，你就是幸福的。

一个颇具知名度的电视栏目邀请了一位年过九旬的老太太来参与节目。因为时间比较仓促，这次节目事先没有排练。但是，老太太在节目中说话自然和蔼，内容也十分朴实、得当，而且不乏幽默，她说的每一句话，都让主持人和在场的观众开怀大笑，老太太自然受到他们的热烈欢迎。最重要的是，主持人也因感染其中的温馨气氛而愉悦不已。

出于好奇，主持人在现场问老人说："我想知道你为何会如此幸福呢？相信你一定有许多不为人知的创造幸福的秘密吧？

"没有，没有。"老太太一本正经地回答说："我根本没有什么不为人知的创造快乐的秘密。怎么说呢？其实很简单，追求幸福就好像是每个人的脸上都有两只眼睛一张嘴巴一样，是一件极为平常的事情。与很多感觉郁闷的人不同的是，我每天早上醒来的时候必须要做一件事，那就是在心田播下'幸福'的种子……"

同样是生活在这个世界上，有些女人活得欢欣而幸福，但有些女人却整天郁郁寡欢，指责抱怨。对于后者来说，难道真的是因为她们的生活状况不够满意吗？不是的，是她们的心态在作怪，是她们心中未曾播下幸福的种子。

生活中，有很多女人认为，现实的生活很真实，也很无情，日常的琐碎一点点儿磨灭了自己对生活的憧憬与激情，心底的脉脉温情也渐渐凝固。在单位，忙碌的工作、复杂的人际关系，让自己不得不无奈地周旋其间；回到家，是丈夫的妻子，孩子的母亲，又不得不操持家务，陪伴孩子。久而久之，这种现实和琐碎让自己对幸福的感觉越来越麻木，身在其中，很难再感动。其实，幸福就在你身边，它就蕴涵在这种种的琐碎和现实当中，关键在于你心中是不是还存有幸福的种子，在于你能不能随时从生活中发现幸福，感受幸福，能不能把这种发现和感受当成一种习惯。

幸福本来就是飘忽不定、难以捉摸的东西。对于幸福，很多人可能会有不同的理解，但是有些幸福又是相似的，例如：对于亲情，幸福可能就是一家人围坐在一起，和谐融洽地吃一桌很普通的家常菜；对于爱情，幸福就是在对的时间遇见对的人，两个互相爱着的人十指紧扣，理解宽容体贴地走过生活的每一天，用心营造和体会生活细节里的每一次感动；对于友情，幸福就是你忧伤时那一声轻轻的问候与安慰，或是你高兴时那一张爽朗的笑脸与赞许；对于工作，幸福不是一帆风顺地青云直上，也不是轻松地赚得金钱，而是"山重水复疑无路，柳暗花明又一村"时的曙光……

总的来说，幸福就在每个人的心中，就在生活的每一个细节里，就在爱与被爱的温暖之中……关键是我们要善于发现幸福，懂得享受幸福，乐于分享幸福，当这一切成了一种习惯，拥有幸福也就变成了必然。

心 理 指 南 ↓

对于世间的万事万物，我们可用两种心态来面对，一种是积极乐观的心态，另一种是消极悲观的心态。从某种意义上来说，拥有了前一种心态就等于拥有了幸福，因为它是充满希望的，让你有动力，有追求，有感知幸福的能力。在我们短暂的生命中，都应该让生命充满幸福的味道。

1. 找一些幸福的理由

在每天的生活中，你可以不断地给自己找一些幸福的理由，例如今天的阳光很灿烂；窗外的树叶好像比昨天绿了；公交车上的那个售票员很漂亮，而且服务态度也很好；妈妈中午打电话过来说晚上会做一些我喜欢吃的菜；好久没有联系过的朋友今天发短信问候我……诸如此类，如果能够这样想，你内心幸福的种子就会渐渐地发芽。

2．注意积累幸福

我们生活在这个世界上，到处都充满了即时的满足：快餐店、实时邮递、既得利益，这种即时的满足往往能够使我们的生活在很短的时间内就得到改变。但是，幸福并不是一蹴而就的事情，它需要一点一滴地积累，在一点一滴的积累中，幸福的概念会越变越大，幸福的感觉就会越来越持久，久而久之幸福也就会变成一种习惯。

3．不要自找烦恼

人生中有93%的烦恼都是自找的，它们只存在于自己的想象之中，根本就不会出现。烦恼就如同是一张无形的大网，藏在人们心里，随时都会将自己心中播下的幸福种子覆盖，它一旦出现，便会使人不由自主地陷入到更多的纠葛之中，搞得整个人心神不宁。所以，千万不要自寻烦恼。

二、快乐其实是一件很简单的事

人生没有一帆风顺的，每一个人的生活都充满着酸甜苦辣。我们的生活可能很平凡，在不断翻动的日历中悄悄过去，但是只要你学会从生活中掘取属于自己的快乐，真实地体验生命，快乐就会围绕在你的身边。

小公鸡整天没事情做，很苦恼。它想：怎样才能快乐呢？它跑到田野里问老牛："爷爷，怎样才能快乐呢？"老牛说："帮助人们耕种田地就快乐了。"

它跑到池塘边问青蛙："小哥哥，怎样才能快乐呢？"青蛙说："为庄稼除害虫就快乐了。"

它跑到花丛中问蜜蜂："小姐姐，怎样才能快乐呢？"蜜蜂说："飞来飞去给花儿传播花粉就快乐了。"

小公鸡回到家里问爸爸："爸爸，做什么事最快乐呢？为什么老牛爷爷、青蛙哥哥、蜜蜂姐姐说的不一样呢？"爸爸笑着说："做自己能够做好的事情，并善于帮助别人，你就会得到快乐！"

从此，小公鸡每天早早起床，和爸爸一起为人们报时，最后成了一只快乐的小公鸡。

正如鸡爸爸所说，每个人都有属于自己的快乐，不必去羡慕别人，只要做好自己喜欢做的事情，做自己能够做好的事情，并且善于帮助别人我们就会感到快乐。

现实生活中，我们总会发现，有的女人整天乐呵呵的，而有的女人却愁眉苦脸、情绪低落。为什么会有这么大的区别呢？原因就在于能不能从生活中发现属于自己的快乐。

快乐其实很简单，并且是随处可见，你早上起床，看见窗外阳光明媚、空气清新，不妨对自己说："天气真好！"你顺利地完成了工作，收拾好自己的案头，伸伸懒腰，对自己说："多么充实的一天啊！"你回到家中，看见可爱的孩子，体贴的老公，你要告诉自己："我很幸福！"……快乐就是这么简单。

在我们的生命中并不缺少快乐的土壤，我们要努力让快乐的种子在心中发芽。当我们把快乐种在心中时，还有不快乐的理由吗？

心 理 指 南 ↓

快乐对于每个人来讲，其实都是很简单的，很容易从自己的身边发现：快乐是忙碌一天后的休息；快乐是阅读一本好书或是品尝一杯好茶；快乐是在大自然中呼吸新鲜空气；快乐是和朋友肆无忌惮地"打闹"……快乐就是这么简单。

1. 重新定义一下自己的快乐

快乐不一定必须是天大的喜事，不一定需要多么轰轰烈烈，快乐是内心满足的体验。身边的小事也是可以让我们感受到快乐的。因此，一定要学会重新定义自己的快乐。

2. 珍惜生活中美丽的瞬间

虽然生活很平淡，但在平淡中依然存在着许多快乐。细心料理家务，营造温馨的家庭氛围是一种快乐；走进厨房，用心为家人制作一顿美食是一种快乐；周末走进商场，为家人和自己挑选合意的衣物也是一种快乐。快乐是生活中的点点滴滴，只要你用平常心去感悟，你就会发现快乐就在你身边。

3. 让内心感到满足

生命因知足而快乐，快乐是珍惜，是感恩。一个肢体健全的人是快乐的，因为他有一双眼睛，可以遍观世界；他有一双脚，可以走遍世界；更重要的是他有一双手，可以改善环境。而有的人却没有这种幸运，所以不要等失去以后才知道痛苦，要在拥有时感到满足和快乐。

三、生活的道路上需要自信相伴

索菲亚·罗兰说过："一个缺乏自信心的女人永远不会有吸引别人的美。没有一种力量能比自信更能够使女人显得美丽。"的确，一个拥有自信的女人，不管她的外貌有多平凡，也会呈现出流光溢彩的美丽。

刚到台北这座繁华的都市时，丽云尽管拥有了一份理想的工作，但她依旧十分自卑，因为她身边优秀的人实在太多了，她感觉自己不如他们。

这种心理一直困扰着丽云，于是她不敢出手，害怕失败，害怕被人笑话，结果失去了很多晋升和结交朋友的机会。有一次，公司新来了一位同事，丽云对他一见钟情，但因为感觉配不上他所以没敢向他表白。结果，眼巴巴地看着自己中意的男人"花落她家"，自己却躲到一边暗自垂泪。

后来，她决定改变自己的状况，于是换了一份工作。在新公司里，有一位年轻主管很看好她。有一天，主管拍着她的肩膀说："你应该自信一点，我相信你能做到。"在主管鼓励的目光下，丽云决定一试。于是她鼓足勇气，一边默默告诉自己："我能行"，一边去争取一些过去从来不敢争取的机会。

几个月下来，她的业绩排名第三，对于丽云来说，这是之前从未有过的。同时，她还收获了幸福的爱情——那位让她自信一点的主管。

对于一个女人来讲，现实中最重要的不是外貌长得有多漂亮，不是家庭背景有多优越，不是学历有多高，更不是有没有嫁一个有钱人，而是能否从内到外散发出别样的自信。只有拥有自信的女人，才能够拥有高贵的气质和动人的魅力。只要敢于肯定自己，拥有充分的自信，就一定会事半功倍。

英国的赫伯特说过："只要心中充满自信，就没有不能做的事。本领加信心是一支战无不胜的军队。"而在这个充满物欲和浮躁气息的社会里，自信在不经意间成了一种奢侈品，尤其是对于女人。

莎士比亚就说过"女人，你的名字是弱者"。但时至今日，女人应该看到自己并不比男人差，相信自己"我能行"。其实，任何人都可以成功，敢于肯定自己并拥有足够的自信，你首先就会赢在人生的起跑线上，即便最后你没有成功，但是你收获了一种心态，一种过程。

心 理 指 南 ↓

女人一旦有了自信，就会多一分成熟，多一分魅力，多一分坚忍，多一分优雅。因此，"我自信，所以我美丽"成了很多女人的座右铭。那么，女人应该如何树立自信呢？

1. 确立自己的目标

有目标，才会有努力的方向。心中有了目标，潜意识里就会调动自己的能量，为实现目标而努力。但一定要使目标切合自己的实际，不要好高骛远。否则，一旦目标实现不了，就会产生挫败感，使自信受挫。

2. 发挥自己的长处

每个人都有所长，有所短。在做事的时候，一定要注意发挥自己的长处，避免自己的短处。如果总是做不适合自己的事情，拿自己的短处与别人的长处相比，就容易产生自卑感。

3. 做事要有计划

做事的方法有很多，但做好计划、按计划行事是最有效的方法之一。因为这样不仅可以提高工作效率，而且可以体验工作的节奏感，收获阶段性的成果，使信心不断提升，就更能够感受生命的脉动，把握人生的韵律。

四、用热情驾驭你的生活

泰戈尔说过："热情，是鼓满船帆的风。风，有时会把船帆折断，但没有风，帆船就不能航行。"所以，要想划好生活这条船，就要懂得享受热情的海风，点燃热情的心灯。

多丽·帕顿出生于田纳西州赛维县一个只有两间房大小的木棚里。她生来不但不比别人强，而且贫困的家庭使她与同龄的孩子相比，逊色了很多。然而，多丽却不想像她母亲一样成为山里夫人，于是她对生活充满了巨大热情。

从孩提时代，多丽就开始学唱歌，5岁时，她已经能够创作歌词。7岁时，她用旧乐器的残件制作了自己的吉他。第二年，一位叔叔送给了她一把真正的吉他，由此她开始了自己的音乐生涯……

后来，她的妹妹回忆说："当多丽向人讲述自己的梦想时，尽管大家都笑话她，因为在我们山区，没有一个人这样想过，但她却很坦然。"他们之所以笑多丽，是因为他们没有热情，一辈子也只能待在那个小山村里。

满怀热情的多丽·帕顿后来一辈子都在用热情唱歌，成了唱片销售百万以上的第一位女明星。

多丽·帕顿为我们提供了一个很好的例证，让我们明白了用热情来促使自己行动的重要性，让我们更进一步地规划自己的将来，直到完全能够驾驭自己的生活，成为自己生活的主人。

其实，拥有热情，并不是说要你从早到晚笑个不停，也不是要你对身边所有的事情都感到满意。其实那不是热情，那只是一种盲目的乐观。生活中所需要的热情更多的是一种追求和思考的方式，它告诉人们："生活是美好的，前途是光明的，只要拥有热情，你早晚会拥有成功。"因为你拥有热情时，往往能够从另一个角度看问题，从而能发现每一个人和每一件事的闪光之处。

虽说幸福是主观和客观的结合，但是在创造幸福的背后，支撑它的是对美好生活追求的热情，而拥有了这份热情，你才能够显示出与众不同的特质，才能够真正体味到生活的真谛。

心 理 指 南 ↓

热情地对待他人，对待自己，对待生活，你的人生才会变得充满活力，生活将会赋予你快乐和自信。所以，我们需要按照心理专家提供的办法来让自己做一个心理健康、充满热情的人。

1. 要给自己确立一个目标，并以此点燃心中爱的火把

面对人生路上的挫折，一些意志薄弱者往往很难闯过，以至于看破"红尘"，万念俱灰，再也提不起生命的热情。其实社会本来就是一个五颜六色的大拼盘，只要你心中的目标不变，只要你心中的爱火不熄，热情就永远不会失去，光明也终究会到来。

2. 要树立自己的责任感

每个人都生活在一定的社会群体之中，想要脱离与他人的关系是不可能的。所以我们每个人都要树立对社会、对自己、对他人的责任感，在生活中学会关心他人，帮助他人，尽自己应尽的责任和义务。当然，满腔热情地为他人服务需要付出，但你也在享受别人的服务。

3. 要爱自己

爱自己，肯定自己，但不自恋，也不孤芳自赏。关键在于要将这份爱同时也献给其他人，使他人也能够感觉到热情。"人非草木，孰能无情"，若是你能在别人需要时给以帮助，那么在别人感受你"雪中送炭"的同时，他的喜悦会使你热情倍增。

五、绝望中给自己一个希望

　　俄罗斯大诗人普希金在一首诗中写道："假如生活欺骗了你，不要悲伤，不要心急，忧郁的日子需要镇静，相信吧，快乐的日子将会来临。"我们身处困境的时候，一定不要悲观，因为希望与绝望同在。

　　女人最伤心的事莫过于"幼年丧母，中年丧夫，老年丧子"。而眼前这个年过百岁的山村老太太，她几乎都经历了这些不幸……

　　年幼时，母亲因病去世，撇下孤苦伶仃的她。长大后，她嫁给了村里一个老实本分的人，不幸的是，第二年战争开始，丈夫被征入伍，这一去就再也没有回来，留下了她和腹中的儿子。尽管有关丈夫的传说很多，而她却坚信丈夫没有死，她把家收拾得干干净净，因为她想让丈夫一回家就能感觉到家的温馨。

　　儿子18岁那年，一支部队从门口经过。唯一的儿子为了找寻父亲也跟着部队走了。但儿子又如同丈夫一样一去不回，村里人又开始议论，说她的儿子已经战死了，她还是不信，并且想，说不定哪天儿子会和丈夫一起衣锦还乡，还可能会带着媳妇孙子一块回来呢。

　　年复一年，儿子和丈夫仍旧音信全无，但是老人依旧快乐地活着，因为那些合情合理的想象给了她无穷无尽的希望。如今她已经过了百岁，由于怀着这个美丽的希望，她仍健健康康地活着。

　　希望，就是支撑生命的力量。就如同这位老人一样，因为有了无穷无尽的希望，才有了活下去的信心和力量，支撑着她坚强地活着。

　　而希望来自于乐观豁达的心，只有抱有乐观积极的心态，才能在绝望中给自己找到生命的台阶，才能使自己不陷入绝望。因此我们说，绝望中的希望足以支撑你一生一世。所以，乐观地面对生活中出现的各种事情，凡事多往好处想，绝望的时候学会给自己寻找希望，尽量让自己从痛苦中摆脱出来，这样，生活中的每一天都将会充满崭新的希望。

新东方的创建者俞敏洪说过："……我也真心希望，大家能从痛苦中读出快乐，从绝望中读出希望，从黑暗中读出光明，从迷雾中读出方向。"在绝望中寻找希望，人生终将走向辉煌！

心 理 指 南 ↓

身处逆境的时候，要乐观面对，你就会发现前途是光明的。女人更要如此，只要不看轻自己，乐观积极，你就可以成功。但是，如何在绝望中给自己希望呢？

1. 顺其自然

事事都有自己发展的规律，由于人们思维的局限性，很难预测下一步会发生什么，所以不妨坦然地面对，不要总是预想事情最坏的结果，否则苦恼的是自己，还是顺其自然的好。

2. 凡事多往好处想

适当的时候多给自己积极的心理暗示，告诉自己凡事都有好的一面。正如拿破仑·希尔所说："积极的人在每次忧患中都能看到机会，而消极的人在每个机会中都看到某种忧患。"

3. 不要否定自己

很多女性，总是认为天生就没有男性所具备的能力。其实不然，从古代的花木兰到现在的许多成功女性都证明了，只有你自己肯定自己，他人才会肯定你，社会才会肯定你，你才有成功的希望。

六、对生命道声"谢谢"

有句话说得好：只有对生命充满感激，对生活充满热情，珍惜拥有的点点滴滴，幸福才能常伴左右。确实，只要我们能够常对生命说"谢谢"，幸福就能常伴我们左右。

美国总统罗斯福的家曾经失窃，损失严重。朋友听说，就写信安慰他，劝他不要把这件事情太放在心上。罗斯福总统很快就回信说："亲爱的朋友，谢谢你来信安慰我，我一切都很好，我想我应该感谢上帝，因为：第一，我损失的只是财物，人毫发未损；第二，我只是损失了一部分财物，并非所有；第三，最幸运的是，做小偷的是那个人，而不是我……"

对任何人来说，家中失窃都不是一件好事，但是，罗斯福总统却能够从中找到三个感恩的理由。从中，我们是否也该收获点什么呢？

人生在世，有喜有悲，有甜有苦，面对这些境况，我们都应该豁达大度，勇敢地面对，然后对它们说声"谢谢"，因为它们让我们更加成熟，让我们的生活多滋多味，但有时我们却往往忽略了欣赏。

我们沐浴着爱的阳光长大，被人间真情滋润着成长，可我们却总是忽略身边的拥有。其实，生命不仅给生物以形体，还赋予它无可比拟的华彩，因此，我们要对生命感恩，对生命道声"谢谢"：谢谢她给予我们敏捷的耳朵。听波涛汹涌，风号雷鸣；听林间天籁，蝉鸣鸟语；听丝竹管弦，钟磬鼓乐……

谢谢她给予我们明亮的双眼。看名山大川，缤纷多彩；看风花雪月，春华秋实；看时序更迭，沧海桑田……我们用清澈的双眸观察这个五光十色、缤纷斑斓的世界。我们欣赏华美，我们也洞悉丑恶。

谢谢她给予我们一个聪明的大脑。思考疑难的问题，生命的意义，记住精彩的瞬间，激动的时刻，温馨的情景，甜蜜的镜头……

我们要以感恩的心，来看待身边的生命。因为只有心存感恩，心里默默地说着"谢谢"，我们才能真正感受到生命的可贵，体会生命的真谛，我们的生命才能放出奇异的光彩。

心 理 指 南 ↓

拥有一颗感恩的心，就是拥有一颗和平的种子，因为感恩不是简单的报恩，它是一种责任、自立、自尊和追求阳光人生的精神境界。感恩是一种处世哲学，是生活智慧，感恩更是学会做人、成就幸福人生的支点。

1. 减少抱怨

世界上没有十全十美的事物，也没有顺利畅通的人生。在遇到挫折和坎坷时，如果能够像罗斯福总统那样换个角度看待坎坷和挫折，永远对生活充满感恩，就能时刻保持健康的心态，积极地生活，保持完美的人格和不断进取的精神。

2. 让"谢谢"成为习惯

生活中我们应该时刻怀有感恩之心，让说"谢谢"成为我们的习惯，我们就会对别人、对环境、对生活少一分挑剔和抱怨，多一分欣赏和感激，就会多一分幸福的感觉。

3. "谢谢"没有固定的方式

很多人都存有感恩之心，但不知道怎样表达。表达感恩并没有固定的方式。例如，如果想要对父母或者朋友表达你的感恩之情，可以当面说一句感谢的话，也可以在一些具有重要意义的日子送上真诚的祝福。相信无论是小礼物还是暖心的话，都会让他们感动的。

七、生活需要平淡的心

平淡不是不思进取，也不是没有追求，而是以平和的心对待生活与人生。淡泊以明志，宁静以致远。生活中一些美好的细节，需要一颗平淡的心去体味，去享用。

小美出生在警察之家，父亲是警察，两个哥哥也是人民警察，她渴望能找一个像他们一样能给人安全感的丈夫。

在一次聚会上，她遇到了命里注定的那个男子。男子家庭情况不是很好，但人却忠诚憨厚。两人谈了一段时间后，男子便向她求婚，没有豪言壮语，只是看似随便地问了句："嫁给我，好吗？"……

他们的婚礼更简单，只是两家人在一起吃了顿饭，就去民政局领证了。那天，两人的那句"我愿意"答得很不同。她的轻如弱柳，想想就这么轻易嫁掉，不知道是不是在冒险；而他的亮如洪钟，想想如今有了法律保障，心中的一块大石终于可以放下了。领完证出来，他拍拍自行车的后座说："老婆，上车吧！"她顺从地跨上去。此时，他们都明白此生不会再分开。

生活中，很多人的婚礼办得轰轰烈烈，而彼此的感情却摇摇欲坠，而有的人结婚虽没有隆重的仪式，但却可以白头到老、相守一生。感情永远比形式更重要，山盟海誓的豪言比不了心心相印的真情。遵从内心的真实感受，只要自己快乐，以何种形式生活都不重要。

安于平淡是人的一种品德，平淡的人不会让那些不切实际的欲望左右。平淡绝非平庸，所有的一切在平淡中变得真实，生活如此，工作如此，人与人之间的交往也如此。金钱也好，名利也好，不过分在意，就不会有太多的失望。内心平淡才会减少许多自寻的烦恼，活得潇洒快乐。

人要学会把事情看得平淡一些，能够心静如水，才能坦然面对一切事物。平淡者不在意人言是非，不沉迷功名利禄，能脱离尘世喧嚣，不为名利权势所迷惑，不为悲欢荣辱所奴役，以平常心直面人生，从而保持心灵的自由和独立，使自己拥有坦然充实的人生。

心 理 指 南 ↓

每一年，每一天，我们都会有一个新的开始。每一个新的开始，都始于平淡，归于平淡。人生这两个字，距离很短，中间却是一片开阔地。日子就在那里静静流过，人生就是平淡的过程，需要我们拥有平淡的心。

1. 坦然面对一切

生活是一种态度，千百个生命有千百种不同的人生，我们不能苛求自己的路和别人一样，生活不可能都是七彩阳光，也不可能都是灰色的天空，一切顺其自然，做自己的事，走自己的路，心中坦然，生命才会真实。过分执著于不可得的事物，反而会陷入深深的痛苦。

2. 善于体悟生命的价值

世界上的人绝大多数都是平凡的，体现自己的生命价值不一定必须建立丰功伟业，小草是平淡的，它却用自己轻柔的生命，铺就了绿色；水流是平淡的，它坚持不懈，能把顽石击碎。相信自己的力量，不要妄自菲薄，平淡的生活也可以在创造中变得绚丽多彩。

3. 凡事尽力即可

生活中许多的人我们无法了解，许多的事我们不能预料，许多的喜怒哀乐我们无所适从。我们只需尽力而为，做我们应该做的，即使失败也不会后悔。"岂能尽如人意，但求无愧我心"，这才是最真实的生命。

八、永远微笑着面对生活

> 微笑是一种力量，它可以驱散心头的阴霾，可以淡化曾经的失意，可以成就美好的人生。当微笑成为一种习惯，我们的内心就会变得豁然，感到心清气爽，海阔天空。

从前有一个大臣，无论遇到什么事情，他总是说："好事，好事。"有一天，国王在耍剑时，不小心割掉了自己的小拇指，这个大臣却说"好事，好事。"国王非常气愤，就下令把那个大臣关进了大牢。

两个月后的一天，国王和其他大臣去打猎，被敌国围攻了，敌国要杀掉国王来祭祀，但发现国王是个身体不完整的人，于是放了国王而杀了所有的大臣。因为他们有一种不成文的规定，不能用身体不完整的人来祭祀。

国王回到家之后，想起那个大臣说的话，断了一个手指，的确是好事，于是他亲自到大牢内向那个被他关了两个月的大臣道歉，那个大臣说："好事，好事。"国王非常不解，问道："我关了你两个月，怎么还是好事呢？""如果我不被关在这里，我就会和你一起去打猎，就会成为俘虏，那样我也被当做祭品杀掉了，还能回来吗？"大臣微笑着说道。

生命中可能会有各种各样的不幸，当你沉溺其中，不能自拔时，生活就会变得悲悲戚戚，没有生机，而如果你能够从容面对，看到事情积极的一面，你就会变得豁达，而不被烦恼和不幸困扰。

有人说，生活是甜蜜的，一路上充满了欢声笑语；也有人说，生活是苦涩的，一生中要经历无数的风风雨雨。但是正因为生活中充满了酸甜苦辣，我们的人生才会有滋有味，才会让我们的生命充满新奇和乐趣，所以，微笑才是对生活的最好感恩。

有人说：女人最大的魅力在于她永远微笑。一个常将微笑挂在脸上的女人，是自信、和善、聪明、优雅、有内涵的人，是受欢迎的人。

所以，作为女性，只有当你用微笑来面对生活，用微笑来面对每个人每件事的时候，你才会看到灿烂的阳光，看到无尽的希望，获得生活的力量，在前方迎接你的也将是一路芬芳。

心 理 指 南 ↓

人生在世，痛苦、失败和挫折在所难免。若能微笑着面对失败，在失败中总结经验，你就会变得坚强；微笑着面对痛苦，一切烟消云散，烦恼将不再纠缠；微笑着面对灾难，灾难也会变得软弱不堪。

1. 不要过分执著

执著于失意，生活将失去生机；执著于痛苦，生命将暗淡无光。很多烦恼都是因为过分执著而不断加深的，因此，生命需要放松，以平和的心态面对得失，生活才会多一些快乐，少一些痛苦。

2. 学会忘记伤痛

有些人之所以沉浸在痛苦之中无法自拔，是因为他不断地去揭自己的伤疤。伤痛是不能够回忆的，越回忆就越加深它的痛楚。最好的方法就是忘记，把昨天不开心的一页翻过，翻开全新的一页。

3. 乐观地面对不幸

世界潜能激励大师安东尼·罗宾说："任何事情的发生，必有其原因，并且有助于自己。"很多人对此不解，难道我今天上班堵车还对自己有利？今天被老板炒鱿鱼还算有幸？其实，如果我们换一个角度去看，就会豁然开朗：倘若今天你出门不堵车，可能前方的一起交通事故就会祸及你，倘若你没有被老板炒鱿鱼，你就不会遇到更好的机会。不幸中孕育着幸运，因此，换个角度看问题，生活就会更美好。

九、怀着甜美的憧憬入梦

生活是现实的，也是残酷的，我们无时无刻不在面临着被选择和被淘汰的可能。但是只要心怀梦想，我们就会拥有坚持下去的勇气，梦想会让我们不断地追求进取。生活需要载着梦想，努力飞翔。

在某高尔夫球场，有一个叫露西的球童。露西不过二十岁的样子。黝黑的皮肤中透着些许红润，肥大的球衣罩着她看似瘦弱的身体，衣服上还有一些破洞。很显然，她是健康的，是穷人家的孩子。但是她的高尔夫技术已接近标准杆，是这个高尔夫球场上唯一年轻的女教练。

露西刚到球场时是剪草工人，因为喜欢高尔夫，所以平时工作之余就利用在球场便利条件，常常练习。当有了些打球的基础后，就得到了球童的工作。但是当时剪草的工作没人顶替，所以她又去做了剪草工，得到了双份工作。

尽管待遇不很好，对于女孩子来说活也有点累，但是露西仍然坚持留在高尔夫球场，不为别的，只是因为她热爱高尔夫，并且相信自己有这方面的天赋，她要实现自己想当一名职业高尔夫球手的梦想。

生活因为有梦想才变得厚重，变得多姿多彩，否则我们的生活将是苍白的。漫漫人生路，几多坎坷与艰辛，几多辛酸与无奈，而当我们的心中充满了梦想时，所有的挫折、苦难都将变为实现理想的财富。

每个女人都应该怀有梦想，它是生活的目标，是生活的希望。没有梦想的女人，生活便没有激情和动力。你累了，梦想会飞到你身边，一遍又一遍地轻声叫你起来；你跌入黑暗迷失了方向，梦想会引你重见光明，继续你的人生……我们的生活时刻都需要梦想。

有人说女人爱幻想，这正说明她们对生活有着美好的憧憬，说不定哪一天，自己曾经梦寐以求的愿望就会变成现实。快乐的女人不会被不必要的烦恼牵绊，她们总是在为自己勾勒着灿烂的明天，想着梦想成真时的激动。有梦才有快乐，抱着甜美的憧憬入睡，明天必然是快乐的一天。

心 理 指 南 ↓

人到成年生活不再像童年时那样轻松，取而代之的是现实的压力。这时，生活就好像一把无形的剑，在消磨着我们心中的梦想。生活就像一杯苦咖啡，当独自一个人细细品尝时，是否想过应为生活加点儿糖呢？生活越现实，我们越要给自己一个可以憧憬的梦想。

1. 为自己编织一个美好的梦想

生活需要梦，没有梦，生活就没有活力，没有气息。一个人来到世上，不能白走一遭，应以最大的努力去完成最想做的事情，当我们每天起来都有一个美好的梦想，就会充满奋斗的力量。给自己一个真实而鲜活的梦想吧，这样我们才会为之去努力，生命才会因此充满激情。

2. 不轻易放弃梦想

在实现梦想的道路上，或许会遇到各种挫折，但却不能轻易放弃。农民种田，一年四季，日出而作，日落而息，在一块田地里，不断耕耘，盼望收获。可是，有一天，当他们的庄稼被洪水淹没时，秧苗因干旱而枯萎时，果实被害虫毁灭时，他们可能会抱怨，会发怒，但是，他们不会停止耕耘。他们会怀着希望，再一次播下种子，等待丰收。所以，要想成就自己的事业，就要永不放弃，继续播种希望。

十、学会接纳才能心中坦然

面对生活中的不公平，我们往往会做出消极的反应，不愿意接受现实。结果让自己的内心更加痛苦。其实，接纳不幸才是幸福的前提，转变一下自己的心态，勇于直面人生苦难，生活才会多一些淡定、多一些快乐。

法国一个偏僻的小镇上有一眼神泉，据说可以为人们医治各种疾病，特别灵验，几乎有求必应，因此，每天到此求助的人络绎不绝。

有一天，一个拄着拐杖、少了一条腿的退伍军人，一跛一拐地来到这里。旁边的村民带着同情的口吻说："可怜的家伙，难道他要向上帝祈求再长一条腿吗？"退伍的军人听到这话时，转过身微笑着对他们说："你们错了，我不是要向上帝祈求有一条新的腿，而是要祈求他教会我如何在只有一条腿的情况下，也能够很好地过日子。"

面对生活中的不公平，如果我们气急败坏、暴跳如雷、伤心欲绝或者自暴自弃，最后受损失的还是我们自己。既然事情已经发生，再多的抱怨和不满都已无济于事，我们应该做的是接受现实，汲取经验，想方设法改变现状，改变自己的不利处境。

学会接纳，才能够更茁壮地成长，在生命中，不只有阳光和雨露，还有严寒和风雪。不管是顺境还是逆境，不管是善待还是折磨，我们都应该心存感激，因为它们让你变得更坚强、更淡定、更成熟。

作为女性，虽然身体上比较柔弱，但是在精神上却不能屈服于自己、屈服于现实。有的女性忌妒别人拥有苗条的身材和漂亮的容颜，羡慕别人有温柔的老公和不错的工作。结果不但于事无补，反而会使自己时常处于不平之中，郁郁寡欢。

女人不要让自己沉浸在抱怨和幽怨之中。每个人在自己的人生道路上都会遇到不幸的事情，只有学会接纳，坚强地面对，才会减轻自己的痛苦，使生命充满希望，让生活更加精彩。

心 理 指 南 ↓

在很多时候，压倒我们的不是生命中的不幸，而是自己的内心。无法接受现实，就无法让自己的内心保持平静，因而只能生活在幽怨之中，看不见生命的希望，失去了生活的勇气。学会接纳，才会拥有面对不幸的勇气，让自己做一个坚强的人。

1. 化解消极心理

很多人在遭受失败和挫折之后，总是表现得过于消极，情绪长期处于低落的状态，这是不好的。凡事都有两面，积极地尝试寻找生活光明的一面，才能摆脱困境。

2. 减少抱怨

有人总是喜欢抱怨命运的不公，怨天尤人，哪怕遭受一点点儿挫折就认为自己是世界上最不幸的人，结果使自己失去面对生活的勇气。在现实面前，抱怨是无济于事的，只有用具体的实际行动来证明自己是坚强的，才会实现生命的价值。

3. 乐观地面对生活

爱迪生经过上千次的实验仍然没有找到合适的材料做灯丝，若是别人也许早已放弃，而他却乐观地说："我虽然没有发现一种适合做灯丝的材料，但是却发现了上千种不适合做灯丝的材料，这也是极大的收获。"换个角度看问题，现实并没有那么糟糕。

驱散心头阴云，
真诚换来快乐相伴

第二章

　　快乐源于心灵的纯净，没有乌云的天空才会阳光灿烂。女性细腻而感性的心灵容易受不良因素的影响，让自己迷失在坏情绪的沼泽地。这时女性就需要拨云见日，驱除杂念，还心灵一片晴空。

一、走出虚荣的迷雾

莎士比亚说过："虚荣是一件无聊骗人的东西；得到它的人，未必有什么功德，失去它的人，也未必有什么过失。"有时虚荣还可使自尊心被扭曲，做出一些有损道德与伦理的事情，所以，我们一定要走出虚荣的迷雾。

男孩和女孩是一对青梅竹马的恋人。有一天，他们牵着手去逛街，经过一家首饰店时，女孩一眼看见了摆在玻璃柜里的那条心形的金项链。男孩看懂了女孩的心思，他摸摸自己的钱包，拉着女孩走了。

几个月后，在女孩22岁的生日宴会上，男孩喝了很多酒后，才把给女孩的礼物拿出来，那正是女孩心仪的金项链。女孩高兴地当众吻了男孩。但是男孩却嗫嚅地说："这项链是……铜的……"尽管声音很小，但是旁边的人也都听到了，然后女孩的脸蓦地通红，把正准备戴到脖子上的项链揉成一团放进了口袋，直到宴会结束，女孩也没再看男孩一眼。

不久，一个男人闯进了女孩的生活。男人说，他什么也没有，只有钱。当他把闪闪发光的金首饰戴到女孩身上时，也俘虏了女孩那颗虚荣的心。他们很快便租房同居了。对于女孩来说，那真是一段幸福的日子。但是当女孩发现自己怀孕时，男人却失踪了。为了交房租，她只得走进了当铺，把自己所有的金首饰摆在了柜台上。老板看了看说："你拿这么多镀金首饰干什么？"女孩愣住了。接着老板一笑，拿出最下面的那条项链说："嗯，这倒是真金的"。女孩一看，这不正是男孩送她的那条铜项链吗？

故事中，男孩的"真情"是真金，永远不会贬值，而男人的"假意"只是镀金首饰，没有任何价值。真情永远比黄金更珍贵，因此，不要只为了贪图"虚"而抛弃"真"。

每个人多少都会有点儿爱慕虚荣，男人大多追求名誉、地位、票子、车子等，女人多追求衣着、容貌、老公、房子等。尤其当今社会经济发展突飞猛进，人们的需求已经不仅仅是为了生存，为了温饱，而是想获得更高质量的生活，更多更好的享受，更高的好评。所以虚荣之心更加疯狂地增长。

从心理的角度来说，虚荣就是人们渴望得到别人的认可，体现自身价值的反映。较小程度的虚荣，有时可以激发人们积极向上，向着自己渴望的目标奋进。但是，如果虚荣心过重就会给人造成很多负面的影响。

虚荣心重的人，总是从某种个人动机出发，追求暂时的、表面的、虚假的效果，甚至弄虚作假，完全失去了从社会价值评价自己行为的能力。这些人沉迷于名利之中，只图虚名，不求上进，凡事只为争名夺利而忘记了生命的真谛。

在虚荣心的驱使下，人们往往会一时糊涂，做出错误的决定，甚至让自己遗憾终身。作为女性，应该树立正确的价值观，不要为一时的名利而放弃生命中最珍贵的东西。

我们每个人都应该做最真实的自己，还自己本色，追求实在的、有价值的东西，告诉自己以平静、理解、无畏的心来面对一切，让自己放松、简单、真实地生活。去除一切烦恼和忧伤，沉淀一切不需要的虚伪，剪断一切世俗的烦扰……

最后，爱美的女人们，你们一定要学会与人为善，待人以诚，丢掉虚荣，用自然真诚的心开创自己的生活天地，这样，才能帮助你们走出一条真实而美丽的人生之路。

心 理 指 南 ↓

虚荣可以诱发各种不良的心理和行为。我们可以有虚荣心，但不能被虚荣心驱使，违背自己的真实意愿。生命的价值不是获得那些短暂的、虚假的满足，而是实现人生的目标，摆脱虚荣，珍视拥有。

1. 做到自尊自重

做人要诚实、正直，绝不能为了一时的心理满足，不惜用人格换取。有的少女为了满足物质的追求，牺牲自己最宝贵的贞操，是值得深思的。只有把握住自尊与自重，才不至于在外界的干扰下失去人格。

2．树立正确的人生观

一个人的价值如何，不在于他的自我感觉，而在于他行为的社会意义。只要树立正确的人生观，具有远大的人生目标，就不会为一般的荣誉、地位和一时的虚荣缠绕，而是为追求更高的价值努力奉献。

3．正确对待舆论

我们生活在群体之中，免不了被别人品头论足。对于舆论，我们要有辨别是非的能力，正确的应当接受，不正确的则可不予理会，绝不可无主见，被舆论左右。

二、浇灭忌妒的烈火

生活中，有些本该愉悦快乐的幸福女人，却被心中的忌妒折磨得烦恼不已，痛苦不堪，其实，"世上本无事，庸人自扰之。"请不要让忌妒给自己制造无形的思想包袱，增添烦恼，打扰内心的平静。

办公室秘书小王业绩优秀，活泼开朗，颇受老板的青睐和同事们的喜爱。但是步入中年的梅子，看到小王和同事们谈笑风生之时，心里就很不是滋味，忌妒之心油然而生。

前几天，单位的一个数据整理出了点差错，大家都在加班，干得非常辛苦，可是，总结大会上，主任却较多地表扬了小王，说小王能干，责任心强，为单位挽回了重大损失。同事们心里都很不服气，她也气愤不过。于是，连夜编造了一封关于主任和小王的"桃色事件"的匿名信，然后寄了出去。

过了几天，上级来人和主任进行了长达两个小时的谈话。看着结束谈话的主任满头大汗，一副痛不欲生的样子，梅子明白了谈话的原因，一个人躲在厕所里哈哈大笑。接着，她又看见小王被叫去谈话，更是窃喜。

忌妒的人就是如此，尽管自己的情况不如意，也容不得别人比自己好。忌妒者由于对自己不满而羡慕别人，由于他希望成为一个和现在不一样的人，所以他羡慕别人，更进一步地忌妒别人。

培根说过："在人类的情欲中，忌妒之情恐怕是最顽强、最持久的了。"忌妒属于病态心理，当忌妒者觉得别人比自己强，或是在某些方面超过了自己时，心里就不是滋味，进而产生憎恨与羡慕、猜疑与失望、伤心与悲痛的复杂情感。

一般来讲，忌妒心理不但不是促使人们进取的动力，反而会使自己受害，因为忌妒者经常处于愤怒嫉恨之中，看到别人快乐他就痛苦，看到别人痛苦他就快乐，久而久之，受伤的不仅仅是身心，还有自己的人际关系、前途和幸福。

其实我们可以换个角度来考虑问题，既然已知自己的弱处，看到自己和别人的差距，就应该知耻而后勇，"别人能做到的，我为什么不能？"你有这样的想法，才能迎头赶上，进而后来者居上。

心 理 指 南 ↓

生活中，忌妒往往来源于比较，一旦发现他人在某方面比自己强，便心生忌妒，于是把所有的时间和精力都放在如何攻击别人上，结果无暇专注自己的事情。而那个被他忌妒的人也如同长在他心头的一颗毒瘤，使他心烦意乱，找不到方向。因此，在生活中，我们一定要及时浇灭自己心头的忌妒之火。

1. 树立正确的人生观

要胸怀大度，宽厚待人。和我们自己一样，每个人都有成功的渴望。所以在别人获得成功时也一定要尊重别人的成绩和才华。

2. 正确地评价他人的成绩

忌妒心有时也由误解引起，人家取得了成就，便以为是对自己的否定。其实，一个人的成功是因为付出了艰辛的劳动。人们在给予他赞美、荣誉的同时，并没有损害你，也没有妨碍你去获取成功。

3. 客观地评价自己

忌妒是想突出自我的表现。无论什么事，首先考虑的是自身的得失，因而引起一系列的不良后果。当忌妒心理萌发时，就要冷静地分析自己的想法和行为，客观地评价自己，找出问题。当认清了自己后，再重新看别人，自然就能有所觉悟了。

三、勒住贪婪的野马

"身外物，不贪恋"是贪婪者醒悟后对世人的告诫。试想：即使你拥有整个世界，你还是一日三餐，一次只能睡一张床。在诱惑面前切记要保持清醒的头脑，钱财权皆身外之物，生活中有得即有失。

有一个贪污犯，为了逃避警察的追捕，带着自己所有的财产，躲到一家破旧的教堂里，请求牧师帮助他逃过警察的追捕，虔诚的牧师毫不犹豫地拒绝了他的要求，并且要他马上走开，否则就报警。

"如果你能帮我，我会给您一笔钱，报答您的恩情，您看30万怎么样？只求您让我躲过这个晚上。""不！"老牧师坚定地说。"那么50万呢？"老牧师依旧拒绝。"100万，100万怎么样？"贪污犯仍旧不死心。

老牧师突然大怒，愤怒地把他推了出去，狠狠地说："快给我滚出去。"然后扭过头自言自语："天哪！他开的价钱已经要接近我渴望的数目了。"

可以说，在强大的诱惑面前，老牧师有足够的自制力，他知道自己心里的底线，也知道自己抵制金钱诱惑的最大限度。可是生活中有一些人，在各种各样的诱惑面前却不能像老牧师一般坚贞，结果成了贪婪的阶下囚。

"天下熙熙，皆为利来；天下攘攘，皆为利往。"人之为利，是正常的事情，但是过分地追求，就成了"贪"。古人曾经用"贪冒""贪鄙"来形容那些只图钱财，欲望过分的行为，认为是"不洁""不干净"的；老百姓甚至用"贪官污吏""硕鼠""蛀虫"来讽刺那些贪得无厌的人，可见贪婪是不得人心的。

钱财名利乃身外之物，生不带来死不带去，人赤裸裸地来，又赤裸裸地去。试想，在你躺在床上奄奄一息，看着自己煞费心机得来的一切拱手交给其他人的时候，你的心情会怎样呢？而反过来，如果我们能够对已经拥有的东西感到满足，那么就会活得洒脱，活得自在，活得轻松，活得快乐。所以，我们要学会知足以勒住贪婪的野马。

心 理 指 南 ↓

"贪"的本意是爱财，"婪"的本意是爱食，"贪婪"是指贪得无厌，是对与自己的力量不相称的欲求，贪婪永远没有满足的时候，并且胃口是愈来愈大，直至"吃"出问题。那么如何来戒除贪婪心理呢？

1. 二十问法

这是一种自我反思法，即自己在纸上写出20个"我喜欢……"，等到写完，再一条一条地分析哪些是合理的愿望，哪些是超出自己能力的欲望，这样就可以明确哪些是贪婪，然后自己做深层次分析，"对症下药"，找到合适的克服贪婪的方法。

2. 知足常乐

知足常乐，是道家追求的最高境界。在现代社会里同样应该如此，一个人对生活的期望值不能太高。虽然谁都会有些需求和欲望，但这要和本人的能力及社会条件相符合，不能生贪婪之心。而"知足"便不会有非分之想，"常乐"也就能保持心理平衡了。

3. 拒绝诱惑

人的一生会遇到很多的陷阱，而最可怕的是自己为自己挖掘的那口叫做"贪婪"的陷阱。因为贪心，人们会忽略自身的弱点，奋不顾身地来实现自己的欲望，即使知道危险就在下一刻。面对诱惑，我们要让自己保持清醒。

四、掐断多疑的念头

猜疑是人性的弱点之一。猜疑使人世间酿造了一出又一出的悲剧。当一个人掉进猜疑的漩涡时，他开始神经过敏，事事捕风捉影，更不用提如何去相信别人，甚至对自己也心生疑惑。

丽丹是一家大型超市的销售部经理，因为工作忙，经常加班，隔三差五还要出差。有一次，难得和男友聚在一起，两人甚是高兴。突然，男友三岁的小侄女豆豆瞪着一双大眼睛问丽丹："丽丹阿姨，怎么你一来，燕子阿姨就不来呢？"

"燕子是谁？"丽丹猛地一怔。"哦，一个同事，挺喜欢豆豆的。"男友有点不好意思地说。丽丹没有追问，也没有猜疑。

晚上，丽丹和男友一起享受了一顿浪漫的晚餐。餐桌前，丽丹依着男友的肩膀，温柔地说："一年来，我一直在忙工作，对你照顾不够，我真的很内疚。你知道吗？每当出差，我一个人躺在宾馆的床上时，就感觉很孤单……"男友爱怜地抚摸着她的发丝，悠悠地说："请相信我好吗？"一番推心置腹的谈话之后，丽丹对男友的信任更加坚定了，而男友的确没有辜负她的信任。不久，他们便走进了婚姻的殿堂。

我们总能看到一些如丽丹一样的用信任化解疑团的聪明女人，最后幸福快乐与她为伴。但是，我们也会遇到一些猜疑心很重的人，他们整天疑心重重、无中生有，认为人人都不可信、不可交，结果害人害己。

喜欢猜疑的人特别在意别人的话，甚至一个眼神也能让他琢磨半天，努力发现其中的"丰富内涵"。他们由于自我封闭，阻隔了外界信息的输入，结果变得孤独、自卑、消极、被动。

猜疑心理，在女性中较常见，它严重影响着正常生活。尤其是在与恋人、爱人的交往中，这种猜疑心理更为普遍。因为这种心理，本来相知相爱的恋人、夫妻，失去了信任，怀疑着对方，冷落了对方，甚至用各种办法惩罚对方，结果爱情被扼杀，婚姻被断送，遗憾终生。切记：一定要掐断多疑的念头。

心理指南 ↓

猜疑的人过于敏感。虽然敏感并不一定是缺点，因为对事物敏感的人往往充满灵气，富有创造力，但凡事过犹不及，敏感多疑也有负面作用，那么这种敏感多疑的念头该如何掐断呢？

1．及时沟通，解除疑惑

如果冷静思索之后疑惑依然存在，那就该通过适当方式同被疑者进行推心置腹的交谈。若是误会，可以及时消除；若是看法不同，通过谈心，了解对方的想法，也很有好处；若真的证实了猜疑并非无端，那么，心平气和地讨论，也有可能使事情解决在冲突之前。

2．培养自信心

每个人都有自己的优点，应培养自己的信心，相信自己不比别人差。我们充满信心地进行工作和生活时，就不担心自己的行为，也不易怀疑别人挑剔、为难自己，因为自己已经很优秀。

3．学会信任

有人说，信任是连接人与人之间的纽带。的确如此，在我们的生活中，不管是与朋友、同事的交往，还是与恋人、爱人的相处，信任是沟通的桥梁，是连接心与心之间的纽带，失去了信任，猜疑才"崭露头角"，开始存在于我们的生活中。

五、放弃不切实际的追求

　　坚持不懈是高贵的品质，但前提是方向要正确，对不切实际的奢望，"执著"就会变成顽固不化，使自己在执迷不悟中浪费生命。因此，此时的放弃是明智的，只有这样我们才会走得更远。

　　小琳是一个美丽的女孩，从情窦初开，就幻想着自己一定能等来一份浪漫的爱情。在她的想象中，自己的男朋友应该是完美的，要像书中写的那样，英俊潇洒、懂得心疼自己、有男子气概，而且彼此相遇的时候是一种浪漫的邂逅。她告诉自己一定要把这些想象变为现实。

　　其实，追求小琳的男孩子很多，对她也都是真心实意，但是小琳总是用自己想象中的来衡量他们，结果都不满意，换了一个又一个。

　　一晃十年过去了，小琳苦苦等待的浪漫爱情和完美的"白马王子"却没有出现，而自己的年龄也不小了，在家人的一再催促下，小琳与一个男人匆匆结婚了。婚后回想起自己之前谈过的男朋友其实都是很优秀的，而自己却没有珍惜。结果为了不切实际的幻想浪费了自己的青春。

　　每个人都有自己的追求和理想，能否实现，就要看是否切合实际，是否在自己的能力范围之内，否则，就是奢望。不管做什么事都要保持清醒和理智，从实际出发，行得通再付诸实践。如果只凭自己的想象和冲动，轻率决定，则可能因为条件不成熟、能力不够而导致失败。

　　凡事都应该有一个合理的标准，不能总是死守成规，不懂变通。不然会把自己逼进死角。固执不切实际的追求，会错过更好的机会。

　　女人大多喜欢幻想，但是千万不要把幻想付诸实践，否则将会为自己的错误付出沉重的代价。女人一定要放弃不切实际的奢望，脚踏实地地过好自己的每一天，以乐观的心态面对生活，若你能这样，就会减少很多不必要的烦恼和遗憾。

心理指南 ↓

万丈高楼平地起，空中楼阁不能变成现实。不要耽于幻想，只有清醒地认识眼前的现实，一切从实际出发，认清人生的方向，不好高骛远、不心存侥幸，踏实做事，认真做人，才会取得成绩，实现自己的理想。

1. 确定合理的目标

我们在给自己制定目标的时候，一定要根据自己的实际情况量身打造。许多人之所以屡遭失败，是因为他们对自己估计过高，目标定得太高，脱离实际，使之成为自己的负担而不是奋斗的动力。只有和自己的实际情况相匹配的目标，才能够使自己拥有奋斗的力量，才有成功的希望。

2. 甘做小事

塑造自我和取得成就的前提是甘做小事。任何伟大的成就都不是一蹴而就的，而是一个循序渐进的过程。这儿做一点，那儿改一下，不断地改进和提高自己，终有一天会完成"长征"，获得胜利。

3. 不盲目羡慕别人

别人的幸福放到自己这里就不一定是幸福了，珍惜自己所拥有的才是最应该做的。每个人都有自己的生活，不要总看别人的优势，而看不见自己的精彩。盲目羡慕别人只会让你失去自我。

六、不要被金钱迷惑

有人提倡"金钱万能论"，相信金钱可以买到一切，其实这是错误的观点。金钱在一定程度上会给我们带来了快乐，但它毕竟只是一种手段，如果使用不当还会成为万恶之源。因此，千万不要被金钱迷惑。

一个欧洲观光团来到非洲一个叫亚米尼亚的原始部落，部落里有位老者，正盘着腿安静地坐在菩提树下做草编。一位法国商人问："这些草编多少钱一件？"老人微笑着回答："10个比索。"听到如此便宜，商人接着说："我给你一百万比索，你给我做十万顶草帽。"老人笑笑说："对不起，那样的话，我就不做了。"商人简直不敢相信自己的耳朵，他几乎大喊着问："为什么？"老者说："如果让你做十万顶一模一样的草帽，你不会感到乏味吗？既然不快乐，要再多的钱又有什么用呢？"

我们的生活快乐与否，其依据不单单是物质财富，物质财富是短暂的，而精神财富才是最持久、最可靠的，也是最具创造力的财富。有人说金钱是万能的，有钱就会拥有一切。但是物质享受很难全部代替精神需求，有钱不一定就会幸福和快乐。

在金钱之外，还有很多更有价值的东西，获得精神上的愉悦才是人生的真谛。如果现在有人问你：愿意坐在奔驰车里哭，还是骑在自行车上笑？我想很多人会选择后者。

有钱并不一定快乐，金钱不是万能的。钱可以买到美食，但买不到食欲；可以买到药物，但买不到健康；可以买到房屋，但买不到家庭；可以买到娱乐，但买不到快乐；可以买到纸笔，但买不到文思；可以买到书籍，但买不到智慧；可以买到服从，但买不到忠诚；可以买到谄媚，但买不到尊敬……钱可以买到许多东西，但是还有许许多多的东西是买不到的。

也许我们没有太多的金钱，但是我们有不被利益束缚的自由思想、健康的身体、温暖的亲情、温馨的友谊、真挚的爱情，这些都是无价之宝，不要一味地追逐金钱而舍弃了这些宝贵的东西。

幸 福 处 方 ↓

现代社会的女人都在努力地争取经济独立，这是自尊自立的表现。但是千万不要把金钱看得太重，坠入利益的陷阱中，更不要被利欲冲昏头脑，变成金钱的奴隶，而是要保持正确的心态，不要被金钱诱惑而走上错误的道路，时刻将"君子爱财，取之有道，用之有度"记在心上。

1．注重精神享受

对金钱不要有太大的欲望，清静地享受生活才会感受到快乐和轻松。不一定非要扮演"女强人"，注重心灵的体验，强调个人的修养和气质，比占有更多的金钱更容易让自己获得成功。

2．消除虚荣心

有些女人过于爱慕虚荣，总和别人比较，谁的化妆品更高档，谁的房子更豪华，谁的老公更有钱，结果为了追求这些而失去了自己原本拥有的幸福。学会满足，明确自己追求的目标，才能从生活中体验到更多的快乐。

3．追求满足，而不是奢靡

苏格拉底曾说："满足是天然的富足，奢靡是人为的贫乏。"生活中，你可以认为金钱是满足的保障，是快乐生活的源泉，但是满足只是一种思想的层次，而不是物质的多寡，所以，在金钱上，只要满足就够了。

七、让情绪不再失控

情绪的产生是不以主观意志为转移的，但可以通过主观意志来控制自己的情绪，将不良的情绪及时化解，让自己的内心恢复平静，这样可以大大减少生活中的烦恼和痛苦，给自己增加更多的快乐。

周丽华是安泰人寿保险公司的总经理，在进入寿险业短短六年的时间里，她获得了许多业绩奖牌，每年都去美国领取寿险业的最高荣誉奖。她的今天和她善于控制自己的情绪是分不开的。

寿险工作很难做，在推销中，总会遇到各种各样的拒绝、不屑，甚至侮辱。周丽华刚开始做保险时，也饱尝羞辱，尽管十分生气和委屈，但是她知道自己的工作一定要十分注意形象和修养，于是硬是压住自己心中的怒气，暗暗鼓励自己。

周丽华说，其实自己脾气不太好，所以能承受数以万计的白眼、怒骂与轻视，是因为她认定自己在从事爱心的传递工作，秉持工作的理念与执著，每当有负面情绪涌上时，她就告诉自己要控制，要放下，不要让坏情绪影响自己的工作效率，结果她成功了。

面对生活中的烦心事，很多女人难免会出现情绪波动，这是正常的，因为女人是"情感动物"，情感丰富并且不易控制。因此，很多女性会因为一些小事，大发雷霆，久久不能释怀，结果让自己一直不愉快。

每个人都难免发脾气，但是一定要学会控制自己的情绪，不要让它持续的时间太久，不要因为一时冲动做出过激的行为，否则会使事情变糟，会让自己永远感受不到快乐。

快乐不仅来自生活中舒心的事，也来自自身对情绪的控制。因此，想要做一个快乐、成功的人，学会控制自己的情绪是非常重要的。不要让自己的心情被不良的情绪控制，做情绪的主人，才能使自己多一些快乐，少一些烦恼。

心 理 指 南 ↓

在我们心灵深处，总有一种力量使我们茫然不安，让我们无法宁静，这种力量是躁动的情绪。情绪的失控是获得幸福和快乐的障碍，是破坏人际关系，影响自身形象和身心健康的重要因素。因此，想要获得更多的快乐，就要学会控制自己的情绪。

1．学会转移不良情绪

当你与他人发生矛盾，火气上涌时，要有意识地转移话题或做点儿别的事情来分散注意力，使情绪得到缓解。在余怒未消时，可以去看看电影、听听音乐，或者下下棋、散散步，使紧张情绪松弛下来，避免火上浇油，鲁莽行事。

2．学会适当宣泄

人难免会产生不良情绪，如果不采取适当的方法加以宣泄和调节，对身心将产生消极影响。因此，如果一个人不愉快或委屈，不要压在心里，要向知心朋友和亲人述说或大哭一场，宣泄内心的郁积，就会变得舒畅许多。

3．学会自我安慰

当一个人追求某种东西而没有得到时，为了减少内心的失望，常为失败找一个冠冕堂皇的理由，用以安慰自己，这种吃不到葡萄就说葡萄酸的"酸葡萄心理"，可以让我们找回内心的平衡，使不良情绪减弱，恢复平静。

八、不为过失过分懊悔

生活中总有人在为犯的过错懊悔，为曾经失去的东西叹息。然而，当心智渐渐成熟时你会发现，过去那些让人无法释怀的东西，不过如一杯打翻的牛奶，既然无法收回，不如轻轻擦拭，让它了无痕迹。

朱倩已经是第六次面试失败了，失败的原因都是小小的失误。回家的公交车上，朱倩觉得自己的生命好像已经走到了终点，没有任何希望。

朱倩的旁边坐着一个五六岁的小女孩，白白的皮肤，亮亮的眼睛，一个和她年纪不相上下的女人坐在小女孩的背后，看样子是她的妈妈。

突然，公交车报出了下一站的名字，"下一站是终点站菊花园"。这时，一直沉默不语的小女孩问了一句："妈妈，终点站是不是也是起点站啊？"妈妈稍微愣了一会儿，说："是啊，宝贝。每一个结束都是一个新的开始。"

小女孩或许还不明白妈妈的意思，但是一旁的朱倩却明白了。之前，朱倩总是悲观地认为每一次面试的失败都是一种结束，经常沉浸在懊悔之中无法释怀。但是听了母女对话后，心情豁然开朗起来。

是啊，过去的就让它过去吧。"我希望你们永远记住这个道理，牛奶已经淌光了，不论你怎样后悔和抱怨，都没有办法收回一滴。你们要是事先预防，那瓶牛奶还可以保住，可是现在晚了。我们现在所能做的，就是把它忘记，然后注意下一件事，不要为打翻的牛奶哭泣。"这是一位教师的谆谆教导。它包含了英国的一句谚语，"不要为打翻的牛奶哭泣"。为过去哀伤、遗憾，除了劳心费神、分散精力，没有一点儿益处。所以，我们不应该为失去的感叹、抱怨，而应该改变思考的重心，把目光集中到新的起点上。

当一个人失意时，可能会有很大的压力，但如果一味地沉浸在失败的情绪中，就可能丧失能得到的机遇，导致人生价值的沦落。

心 理 指 南 ↓

失败和挫折是每个人都必须面对的问题。事实上，许多具有丰功伟绩的人也都经历过失败，不同的是他们能够正视失败。因为这一积极心态，才使得他们在挫折中逐渐成熟起来。如果一味地哀叹自己的失败与不幸，只会使自己长期处在失败和不幸的漩涡中。

1. 调整认知

面对同一件事，不同的人会得出不同的结论。悲观的人只会为过失而懊悔，而乐观的人则努力寻求解决办法。面对输赢得失，要学会接受自己，全面地看自己，不要只盯着已经失去的而不看未来能够得到的。

2. 转移生活的重心

既然牛奶已经打翻了，即便你想尽各种办法，也不能把牛奶重新收回杯子。那么不妨转移自己生活的重心，努力想办法再寻求新的牛奶，这样不仅可以减少损失，还能够确立新的目标，给自己以希望和动力。

3. 学会把过失寄存他处

寄存过行李的人不在少数，但恐怕很少有人寄存过失败。其实失败也是一件行李，有时候还是一件特别沉重的行李。总是在为过失而懊悔的人不曾寄存过失败，他们非但没有寄存，反而会把失败负重在身，让失败在浑然不觉中压垮了自己的一生，所以，把过失寄存他处是个不错的选择。

九、莫让过去成为负担

一位作家说："世界上最美好的事物莫过于怀念。"但是怀念是适当的怀念，凡事都有一个度，过犹不及。不要让过去成为自己的负担，不要让怀旧束缚住自己的双脚。

有一个年轻人，背着一个大包裹去找一位修养很高的大师。当他历经了千辛万苦终于找到时却说："大师，尽管我已见到了您，可是我还是感觉痛苦和无助。"大师问他："你的大包裹里装的是什么？"年轻人说："它对我很重要。里面是我每到达一个目标时的喜悦，每一次跌倒时的痛苦，每一次受伤后的哭泣……正是靠这些，我才走到您这里来的。"

于是，大师带着年轻人来到河边，坐船过了河。上岸后，大师对年轻人说："你背上船走吧！""什么？"年轻人惊呼。大师说："过河时，船是有用的，所以你要背上啊。"然后大师笑着说："孩子，放下吧！像船一样，过去的喜悦、痛苦、孤独、眼泪等这些都是对我们有用的，但若须臾不忘，它们就会成为我们的包袱。"于是，年轻人放下包裹继续赶路，他发觉没有过去的大包裹，自己的步子比以前轻快多了。

人真的是很奇怪的动物，生活在现在，却总是喜欢回忆过去，甚至看到一个物件都会回忆起相关的东西；一个场景也会勾起回忆的思绪。喜欢选择一些美好的东西去重温，钟情于过去经历的点点滴滴，所以沉迷于回忆，不断地回忆，一直到最后，永远都走不出自己的回忆，无法和现实接轨。

有些女人总陶醉在过去的美好之中，沉浸在曾经的痛苦之中，无法面对现实。过去的东西，或喜悦或悲伤，或寂寞或孤苦，都已成过去，痴情于过去还有什么意义呢？

请不要忘记你的生活仍要继续，明天太阳依旧会升起，漫漫的人生路还需要你自己脚踏实地地走下去，要学会放弃，不可以让怀旧束缚你的人生轨迹。

心 理 指 南 ↓

过去的毕竟都已经过去，而我们仍要继续向前走，所以我们要学会放弃，不要让过去成为负担。如何来摆脱沉迷过去的病态心理呢？

1. 要积极参与现实生活

如认真地读书、看报，了解并接受新事物，积极参与各种实践活动，要学会从历史的高度看问题，顺应时代潮流，不能老是站在原地思考问题。一定要相信"事情是在发展变化的"。

2. 要学会在过去与现实之间寻找最佳结合点

如果对新事物立刻接受有困难，可以在新旧事物之间找一个突破口，例如思考如何再立新功再造辉煌，不忘老朋友发展新朋友。从新旧结合做起。

3. 充分发挥正常怀旧心理的积极功能

正常的怀旧有寻找宁静、维持心灵平和、返璞归真的积极功能。这方面的功能多一些，病态的、消极的心态就会减少。因此，也不应对怀旧一概反对，正常的怀旧还是要提倡的。

4. 保持心理轻松

时常清理心中的尘土，减轻心中的负担，可以感觉到现实生活的美好，这样会减少对过去的留恋。

十、不要让依赖束缚生命

任何人的前途都取决于自己，驾驶生命航船的舵手永远是自己。所以作为一个独立的人一定要掌控自己命运的航向，任何时候都不要依赖别人，只有自立，你才能拥有成功。

小蜗牛问妈妈："为什么我们一生下来，就要背负这个又硬又重的壳呢？"妈妈和蔼地说："因为我们的身体没有骨骼的支撑，只能爬，但又爬不快，所以要这个壳来保护自己啊！"

小蜗牛委屈地说："毛虫姐姐没有骨头，也爬不快，为什么她却不用背负这个又硬又重的壳呢？"妈妈又笑着回答："因为毛虫姐姐能变成蝴蝶，天空会保护她呀！"小蜗牛还是不服气："可是蚯蚓弟弟也没骨头又爬不快，也不会变成蝴蝶，他为什么也不背这个又硬又重的壳呢？"妈妈笑着拍着小蜗牛说："因为蚯蚓弟弟会钻土，大地会保护他。"

小蜗牛哭了起来："我们好可怜啊，天空不保护我们，大地也不保护我们，那谁来保护我们呢？"蜗牛妈妈安慰他说："傻孩子，所以我们才有这个又硬又重的壳。我们不靠天，也不靠地，我们靠的是自己。"

自己靠自己，生命中一个很简单的道理，蜗牛尚且懂得，何况我们人类？很多的时候，我们靠山山倒，靠水水干，所以还是靠自己，相信自己能行，勇敢地面对现实生活的残忍，适当的时候给自己加上一个保护"壳"，你会发现自己才是自己的幸运神。

有人说："女人是牵牛花。"这个比喻形象地说明了女人与生俱来的弱点——依赖，这也是很多人的观点。很多女人都期望有一个港湾，哪怕是倾盆大雨，海啸山崩，女人都可以安静地泊在那里小憩；女人期望有座长城，帮助女人抵挡侵犯，排除外患……。事实上，生活中没有一个港湾可以避任何风躲任何雨，万里长城也不可能抵御所有外患……所以女人当自立！

每个人都有属于自己的一片天空，女人也一样，女人不是任何人的附属品，应该毫无顾忌地向世人宣告自己的才能，气度，风采，智慧和自立。不要总踩着别人的脚印走，你有自己的事业，自己的世界，只有自立，你才能成功。

心 理 指 南 ↓

一个女人的价值也许可以交给男人来评断，但却不能依靠男人来体现。事实证明，一个不依赖，懂得独立的女性总能焕发出独特的气质，拥有一片属于自己的天空。那么，女人应该如何克服依赖心理呢?

1. 经济要独立

经济基础决定上层建筑，经济自主是女人独立的基础，失去了经济独立的女人，即意味着失去了自主生活的能力。要保证经济独立，必须要有一份工作，有一定的收入。

2. 思想要独立

独立的个性，就是思想独立，有自己的见解、思想、规划。但是独立的女人不是孤独的，爱情就是最有效的保养品，让女人更美丽。成熟而又独立的女人像黑夜里的郁金香，在黑暗中默默地绽放着属于自己的一缕芬芳。但如果在生活或工作中过分追求独立，也会失去自己的幸福。

3. 精神要独立

精神独立更为重要，女人精神独立是对自己的确认。女人的精神世界是在无比神秘和无比丰富的内心里，可以在自己的精神世界建立起一个美好的王国。

化解生活压力，
放下就会轻松

第三章

现代社会的快节奏发展，给人们的生活、工作、学习都带来了很大的压力。面对压力，很多女性难以应对，给自己带来了诸多的困扰。只要能保持放松的心态，就可以举重若轻，潇洒处之。

一、不做都市"郁女"

常听很多女人抱怨工作繁缛，唠叨生活琐杂，怨恨生活步调太快，为此郁郁寡欢。可是过多的空闲会带给心扉太多的思量余地，导致心灵过于苍白。但如果换个角度想一下，会发现忙是快乐，也是幸福。

在一家高级餐馆里，一位穿着名贵时装的太太正在和她的丈夫一起用餐。她皮肤很好，长相也不错，但是不知道什么原因她看起来一副很不高兴的样子，而且她几乎对任何事情都抱怨，在吃饭中，她一直絮絮叨叨，几乎就没有享用那些精美的食物。

坐在他对面的丈夫却是另外一副样子，看上去和蔼可亲，温文尔雅。他对太太的举止言行似乎有一种难以应付而又无可奈何的感受。

他礼貌地向周围用餐的人打了个招呼，和他们开始愉快地交谈，做了一个简短的自我介绍。他说他是一名教师，然后笑着说："我的太太是一名制造商。"此时，他看着太太，诡秘地笑了一下。

听完他的话，一起在餐厅吃饭的人大都感到非常疑惑，因为他的太太看起来实在是缺少实业家的气质和生意人的精明。于是有人非常疑惑地问道："不知道尊夫人从事哪个方面的制造业？"

"哦，'郁闷'方面的，"那位先生一本正经地说道"你们没有看到吗？从进这家餐厅开始，她就一直不停地在制造着'郁闷'。"他的幽默风趣的话，立刻使餐厅的气氛活跃起来，他的妻子也因他的话感到不好意思。事实上，这位先生很贴切地道出了他妻子的实际状况。

随着社会经济活动的日益频繁和现代生活节奏的加快，近年来，社会各阶层人士越来越明显地体会到了生活给人们带来的心理压力。在这种社会状态下，许多女性似乎也都在与快节奏的生活搏击，为此，她们特别容易受累于情绪、烦恼、压抑和失落。但几乎没有女人会每天给自己留出一点点儿时间来安静地思考一下忙碌的意义，或者是她们已经习惯了忙碌。

忙碌之后她们能得到什么呢？物质生活的提高，经济基础的稳固，社会地位的显赫，更多的恐怕是"郁闷"。只要稍稍留意一下就可以发现，现在很多人的口头禅是"郁闷"，她们无缘无故地发脾气，看什么都不顺眼，情绪极差。为此，她们很少会感觉到生活的轻松，更不要提快乐和幸福。

其实，在现实生活中，很多女人，尤其是那些职位比较高、生活处于中上层、而且在教育、晋升、婚姻、薪酬等方面有更多机遇的女人，常感觉"郁闷"。在她们的世界里，好像什么都是灰色的，包括心情。于是，再好的物质生活也难以调动她们对生活的激情。

当一个人对生活没有激情的时候，所有的一切对她都不再有意义。因为人生最劳累的事情，莫过于背着心灵的包袱走路，而有些女人又天生想不开，所以只能生活在沉重的烦闷之中。

心 理 指 南 ↓

事实上，郁闷情绪的缓解与否，关键因素是人们对现实生活如何看待。世界卫生组织报道，全球女性抑郁症患者要远高于男性。都市"郁"女们经常情绪低落，思想消极，如此一来，形成了一个持久而日益严重的恶性循环。为此，在日常生活中，我们应该注意避免抑郁情绪的产生。

1. 转移注意力

抽时间看一场精彩的体育比赛，看一场喜剧，读一本精彩而轻松的小说等，可以冲淡暂时的郁闷，使压抑得到缓解。

2. 保持平常心

在忙碌的日子里，最需要的是保持平常心。忙碌时不心烦，挫折时不丧气，春风得意时不得意忘形。学会宠辱不惊，而不是看谁都不顺眼，有时倒不妨学学阿Q，来点儿自我安慰。

3．合理宣泄

在心情不佳的时候，可以通过合理的方法宣泄，例如大哭一场；上街给自己买点儿小玩意和吃的东西，即便不买什么东西，也可以去商店随便逛逛，这样会使心情好起来。还可以做一件拖延很久的事情，或者是在家中搞搞家务。事情做完之后，你便会高兴一些。

4．换个角度看问题

换个角度看问题不是一件困难的事情，但是一般人往往难以做到。其实当工作忙碌的时候，你可以想一下这样会使你的生活更充实，还能够避免空虚无聊，缓解工作负担给你带来的不快。

二、别把工作当成苦役

> 每一件事，每一个人，从一定意义上来说都是独特的，只要你能用平和的心态去体味、挖掘，这一切都能成为快乐源泉，只要你用快乐的心情去感受，就能感到你目前的工作和生活有很多的快乐和感动。

郑艳是一家外贸公司的报表员，她每天都要处理大量的表格和数据。原本活泼开朗的她在日复一日的枯燥、单调、乏味的工作中脾气变得越来越暴躁，还动不动就拿工作撒气，因此工作中常出现一些错误。

有一天，干完一天工作后，郑艳突然冷静下来，她觉得应该好好思考一下怎么来看待自己的工作。她想：明明知道上班是必须的，人家上班都高高兴兴的，为什么我却整天愁眉苦脸的呢？或许是我没有一双善于发现工作乐趣的眼睛吧！

从此，她开始留心工作的乐趣。后来她发现，制作表格很像画画，而填写数据又像是在描眉，这样一来她开始对工作产生了兴趣。为了更好地督促自己，她又把每天的工作量记录下来，并鞭策自己一天要比一天进步。一段时间后，在兴趣加责任的影响下，郑艳渐渐喜欢上了这个工作。

也许，很多人都有这样的体会，当做自己喜欢做的事情时，能够集中精力，精神抖擞；但是一旦遇到自己不喜欢做的事情，就如同是霜打了的茄子一样，打不起精神。

现在很多女性为了生存，为了提高自己的生活水平往往不得不去工作，她们很少是凭着自己的兴趣和爱好去工作的。在很多女性的意识里，她们认为自己天生就是应该来享受的，至于工作挣钱那是男人的事情。很多时候她们认为工作简直就是苦役。

并非工作本身是一种苦役，而是因为工作乏味、焦虑和挫折所引起的心理作用造成的，它消磨了人们工作的活力和干劲。因此，只要能从思想上改变对工作的看法，想方使工作变得有趣起来，那么工作中的诸多恼人问题也会一扫而光。

心 理 指 南 ↓

追求幸福不仅仅是要享受生活，也需懂得享受工作。生活中，我们不能因为工作单调、难度大、专业不对口就失去了工作的兴趣，生活的乐趣。面对问题，要积极调整自己的心态，从容地去寻找乐趣、享受人生。如果认为工作是一种苦役，不妨学会改变自己的心态，试着把工作看成一种娱乐。

1. 把工作看作创造力的表现

每一项工作都可以成为创造性的活动。比如，一位教师讲好一门课，不亚于编排出一幕精彩的戏剧；一个运动员的完美优雅的动作，从创造的角度看，可以与一首十四行诗相媲美。所以，把工作看成是在表现你的创造力，在呈现你独特精彩的创意，那么你会珍惜和做好你手里的工作。

2. 把工作看做艺术创作

有一位作家指着正在挖排水沟的工人赞赏地说："那是一位真正的艺人。看着那些污泥竟能以铁锹的形状飞过空中，恰好落在他想让它落的地方。"假如每个人都把自己的工作当做艺术创作，比如把枯燥的打字看成是在弹奏优美的钢琴曲，那么你就是在享受艺术的赋予和灵性了。

3. 把工作看做娱乐

把工作看成是娱乐活动，就可以视工作为消遣，工作起来也会兴趣盎然。这里并不是说比赛、工作本身不重要，而是说不要过分关注结果，比赛和工作的过程都是充满乐趣的。

三、轻松搞定生活琐事

人生苦短，但是却有无数的烦心事困扰着我们。人最重要的是要过好自己的生活，不要羡慕别人，盲目攀比只能让自己陷入无尽的痛苦之中。

一次，李敏和几个老友聚会，回家已很晚。由于太累，第二天醒来已经七点半了，她是八点上班，于是就抱怨丈夫不早点叫她。丈夫为她昨晚的事还在生气，便没好气地说："你既有精力参加聚会，怎么没精力起来？"李敏本来就很懊恼了，再听丈夫这么说，更生气了，但又不好发作。赶快梳洗了一下就去上班了，真不凑巧，又碰上堵车，眼看着上班时间就要到了，可是又毫无办法。结果，迟到了，不但被扣了工资，还被领导训了一顿。

中午丈夫打电话来，让她晚上回家买点凉菜，但是下班后却忘了丈夫的安排，又被丈夫唠叨了一阵。吃过饭，她刚想坐在电视前看一会儿电视剧，丈夫又让她去拖地，她说她忙了一天，已经很累了，丈夫说，他也一样，况且洗衣做饭收拾家务本来就是妻子的本职工作，于是两人发生了口角。当李敏晚上躺在床上的时候，不禁感慨："生活怎么这么累，这么烦啊！"

像李敏碰到的这些日常生活中的烦恼都是难免的，因为生活本来就是一本算不清的糊涂账，各种意想不到的小麻烦都可能随时碰到。其实，生活本没有什么惊天动地的大事，尽是一些鸡毛蒜皮的小麻烦，这些麻烦单个看起来没有什么，可是日积月累，处理不好就会对身心健康产生很大的破坏作用。

我们都明白，人生的道路不可能一帆风顺，什么事情都有可能碰到，很多时候我们都在负重而行。如果我们不够坚强，不够豁达，不会自我调节，就会把自己逼进死胡同。谁都无法预测未来会怎样。但是，不必老是费力地想生活应该怎样，真正应该思考的是我们应该怎样生活。

面对生活的最佳心态是保持一颗平常心，平淡的生活一样可以很精彩，在平淡中品尝到快乐才是真正的幸福。人活在世上，常常会有很多欲望，我们要认真分析自己的欲望，根据其合理性进行取舍，这样你才能体味到生活的轻松与快乐。

心 理 指 南 ↓

生活中的压力是不可避免的，虽然压力可以刺激我们用行动来挑战自身能力，帮助我们达到自认为不可能达到的目标。但压力、焦虑、紧张对人的生活、健康有很大的不良影响。因此，要有相应措施面对生活带来的各种压力，才不至于因为压力过大而被压垮。常见的缓解压力的做法有以下几种方面。

1. 量力而行

在生活中，要认清自己，清楚自己的能力，清楚自己想要什么，能做到什么。无望的追求都是毫无意义的，只有脚踏实地、一步一步地追求自己的理想才有可能成功。就像吃惯了素菜的人非要去享受山珍海味，那油汪汪的东西虽然诱人，要是真吃到肚里，可能你的胃还消化不了。

2. 转移并释放压力

要想转移释放压力，可以每天进行一定时间的体育运动，因为体育运动能使你很好地发泄，运动完之后你会感到很轻松，不知不觉间就可以把压力释放出去，同时还可以起到健身的作用。

3. 随它去

判断一下你能改变和不能改变的事情，然后把事情分别归类。开始一天的工作之前，给自己一个约定，判断事情可以改变的程度，自己不能改变的事情就随它而去，不要给自己平添无谓的烦恼。

四、消除晋职后与原同事间的尴尬

对于身在职场中的人来说，升职是最值得兴奋和欣慰的事情。但是，就在他们欣喜的时候，却发现各种各样的问题接踵而至。其中，昔日的同事变成上下级关系的尴尬是最让人头疼的一件事。

李琳原是一名普通的程序分析员，因工作突出，升职为计算机项目负责人。但是她并不快乐。"我觉得升职对我来讲并不是一件好事，因为这意味着我失去了好多朋友。从我升职之后，我们之间的关系就发生了微妙的变化。我必须领导昔日的同事，尤其是我解雇了两个长期合同工以后，我的那些很要好的同事对我也都'敬而远之'，每当我进入办公室，他们本来正说得热火朝天，突然就都不说话了。而且，大家去吃午饭、去唱歌、生日聚会等，也都不再叫上我……"

赵爽和李琳是很要好的同事，自从李琳升职以后，他们已经很久不在一起了。"李琳是一个很聪明、很能干的女孩子，因此她升职理所应当。但是，升职以后她就抖起来了，先是重申上班制度，不久又解雇两名同事……因此我们不得不敬而远之！"

对于身在职场中的人士来说，升职是令他们兴奋和欣慰的事情，这代表着他们多年来的辛勤付出终于得到了回报，事业的发展也有了奔头和方向，如履薄冰的日子又多了一份保障。可是，如何与昔日的同事相处就成了最让人头疼的问题。

想要做到和没有升职前一模一样，是绝对不可能的事情，如果领导和下属之间不分上下，就很难顺利开展工作；尤其是给昔日的同事、现在的下属分配任务时往往很难开口。

如果与同事保持一定的距离，的确能够树立一定的威严，但是这样会让同事觉得你在他们面前摆领导的臭架子，是看不起他们。再者，因为身份的改变，你必须开始注意自己的言行，不能在下属面前没上没下，随便嚼舌头，更不能和同事一起诋毁别人。

心理指南 ↓

职场中，因为角色的变化，人际关系也会变化，如果不能正确处理，原来得心应手的工作开展起来也会变得非常困难。因此，刚上任的新官，一定要正确处理与昔日同事的关系，否则会给工作和身心健康带来严重的负面影响。

1. 谦虚待人，切莫张扬

升职以后，同事们（尤其是和你一起进单位、工作业绩不相上下的同事）会关注你的一举一动，考察你的一言一行。这个时候，你一定要坦荡、谦虚对人，才能度过他们给你设置的"考验期"。

2. 以柔克刚，以心换心

之前大家朝夕相处，处于同一水平线上，突然之间，你成了他们的领导，有些同事难免会心存忌妒。这个时候，你一定要以柔克刚，以心换心，小心翼翼地清除这枚随时可能引爆的"炸弹"，千万不能让它对你造成危害。

3. 以理制人，避开"小人"

有些忌妒心强的同事，可能会觉得你的升职是踩着他的肩膀上去的，甚至会因此和你势不两立。如果你坦诚相待，他会觉得你软弱可欺；如果你做出成绩，他又会嗤之以鼻；你以心换心，他又说你虚伪。对于这类同事，最好跟他少些来往，惹不起就躲。

五、如何面对强势的老板

人们对过于强势的人多是敬而远之，面对强势的老板也不例外。和强势的老板在一起共事，久而久之，会觉得有一股无形的压力，压得人喘不过气来。所以，如何面对强势的老板也要有一定的技巧。

用穆寒自己的话来说，她"见到老板就像老鼠见到猫"。开始上班的时候，为了便于区分，她在手机上为不同身份的人设置了不同的铃声，为老板设置的是成龙的"真心英雄"，起初，她很热衷于接老板的电话，听到真心英雄便会精神抖擞，觉得这是老板对她的青睐。但时间久了，她开始觉得这首歌就像"紧箍咒"一般，带给她无尽的痛苦，也带走她所有的快乐。

老板是一个很能干的人，英明、果断，当然也很强势。有几次，穆寒工作完成得不够好，老板发了脾气。自此之后，穆寒非常害怕他，甚至到后来听到老板的声音都会一颤。每次上班，看到写字楼下停着的宝马车，她就知道这一天必须小心翼翼；路过老板的办公室，她都蹑手蹑脚，生怕被老板发现，开会的时候，总是选择离老板最远的位置，生怕目光与老板交流……

俗话说"强将手下无弱兵"，在职场上想学到真本事，跟随一位能干的领导是一个不错的选择。但是，这样的领导往往雷厉风行，处事强势，你办事稍有不周，就可能会招来一场斥责；苛刻的要求通常会全盘否定你通宵加班的努力。如果你没有很好的应对策略，就会因他施加的压力而感到害怕、恐惧，总想逃避，不能自如地与其相处，甚至不能发挥自己能力和水平。

老板拥有一定的权力，处于相对强势的地位，在下属面前，他们永远是对的，对于他们的命令，下属必须无条件服从，这会使下属有被控制的感觉，感到很不平等。

有些人会把这种控制感投射到当年与父母的关系上。其实，那些强势的人不一定真正强势，因为他的权力或者行事作风，或者言行令你想到控制型的父母。简言之，人们害怕强势的老板其实是害怕父母再次去管我们。

心 理 指 南 ↓

职场中，如果你不能妥善处理与强势老板的关系，会使自己在工作中困难重重，甚至影响自己的升迁。为了自己有个美好的前程，就应该学会消除自己的害怕心理，坦然、从容地与强势老板相处。

1.做理性思考

对强势人的反感是大家共有的感受，只要你做一下理性的思考，想通老板并不是你的父母或者特别的什么人，没必要那么紧张。你们只是工作关系，不要投入强烈的投射认同。

2.增强自己的实力

不要过分关注自己在强势面前犯的错误，把注意力放在如何增强自己的实力上，为自己争取与强势的人平等对话的权力和机会。例如，可以向有经验的同事讨教，在恰当时机把自己的能力展现出来，用实力证明自己。

3. 注意沟通方式

百众咨询有限公司首席咨询师白玲认为，与强势老板相处，总体原则是：遇强则强，给强势老板一个强有力的结果；化解弱势，减少强势老板的杀伤力。说归说，但是也要注意以下两种沟通方式。

一是泄火式沟通：主要用在老板布置任务的时候，你要用语言把"火势"一步步减弱，直减到你可以接受的适当的标准。

二是转移式沟通：主要用在老板批评的时候，你要把老板的注意力引向过去的成绩和下一步的努力，而不是集中在现在的错误上。

六、总是担心失业为哪般

在现代社会，失业已经不是稀奇的事情了，"失业综合征"已经成为当代社会的一大隐患。它给人们带来了严重的危害，引发了各种心理和生理问题，最严重的是对心灵的伤害。

晓琦大学毕业后在一家食品公司工作，公司因为效益不好，就裁了一部分员工，她也在裁员名单之内，她失业了。她是一个很自尊、很爱面子的人，失业表明自己没有才能，因此觉得没脸见人，连男朋友她也不想见。这个时候，就是别人好心的安慰在她看来也是嘲讽。特别是当听到人家说："哎！现在大学生找工作也不容易。"她就觉得人家在说她上了大学也没用，还不是一样没有工作。后来，她整天待在家里，大门不出，二门不迈，真是"养在深闺人未识"。看到她这样，家人都很焦心，可是又无能为力，真不知道该怎么办才好。

失业之后，人们很容易情绪低落、对生活丧失信心、对前途感到渺茫，严重的甚至会产生悲观厌世的心理。如果一个女人没有工作，也许她可以让丈夫养活，没有人会指责她，尽管社会对没有工作的女人是比较宽容的，但失业带来的压力也是很大的。

生活中，有些女人把工作看得和自己的生命一样重要。因为工作对她们是如此重要，所以失业的打击才是致命的。尤其是对于那些女强人而言，失业带给她们的伤害不比男人少。在现代这个竞争激烈的社会，失业对每个人的打击都是致命的，因为失去了工作，几乎就意味着失去了生存的经济来源，失去了自尊。

可是，在现代社会，失业又是无可避免的事情，你随时都有可能会失去自己的工作，所以，善于调节失业心理，失业之后能够重新以积极乐观的心态来对待生活，是每一个职场中人都必须学会的一件事情。

心 理 指 南 ↓

既然失业对人们的冲击那么大，我们应该怎样帮助职场白领从失业的痛苦中走出来，振奋精神、重新出发呢？一般而言，失业之后，可以从以下几个方面来调节自己的情绪。

1．对失业要有心理准备

我们常说"向最好处努力，做最坏的打算"。努力把自己的工作做到最好的同时，也应该有失业的心理准备，因为世事难料，将来会发生什么谁也不知道，如果你对失业毫无心理防范，当失业突然降临的时候，就可能被打得晕头转向，失去重新站起来的能力。

2．乐观看问题

"塞翁失马，焉知祸福"，一件事情很难说是好事还是坏事，关键是看你从哪个角度看问题。我们习惯把失业看成不好的事情，从表面上看，的确是这样的，你失去了赖以生存的工作，公司否定了你的能力，你被抛弃了。可是如果你更深入、更全面地看待失业，你就会发现它其实也没有那么糟糕。

3．学会接受现实

有些人失业之后不愿意接受现实，整天怨天尤人，抱怨命运不公、社会不公。这种做法是非常不好的，这只会让你的情况越来越糟。面对一件不好的事情，如果你不愿意接受它，你就会越来越痛苦，当你愿意接受它的时候，你就会感到很轻松。接受失业这个事实，然后让自己振作起来，从头再来，你就会创造出更美好的明天，"看成败人生豪迈，只不过是从头再来"。

七、当家庭和事业难兼顾时

如今的女性，承担着社会的双重角色。在单位，她们是叱咤职场的"白骨精"，传统观念又要求她们在家里是贤妻良母，可是"鱼和熊掌不可兼得"，而女性也往往不能够演好这双重角色，家庭和事业很难兼顾。

沈玲娟，32岁，在一家外国医药公司担任药品销售经理。这些年来，由于市场的开放，引来大批国内外竞争厂家。她为了达到公司规定的年度销售指标经常超时工作。

而她又想做一个称职的妻子和母亲，照顾好丈夫和儿子，照顾好这个家，可是她根本没有时间。面对孩子的成绩日益下滑，她急在心上却又无能为力；最让她感到寒心的是，不久前，在一家金融机关上班的丈夫有了外遇。为了照顾孩子，挽救婚姻，她不得不减少工作的时间和精力，可是这样一来，她的工作业绩就受到了一定的影响。看着一边将要破败的家庭，一边逐渐下滑的事业，她心急如焚，很多时候她都感觉自己已经走到了崩溃的边缘。

在当今的社会，对于女性来说，家庭和事业缺一不可。家庭和事业就如同是她们的左膀右臂，一样重要。于是，随之而来的是许多的矛盾和无奈，以及由此产生的心理压力，压得很多女性随时都有崩溃的可能。

意大利国家统计局的数据显示，意大利约有三分之一的女性无法很好地协调家庭和事业的关系。近30年里，意大利平均每个家庭生育的孩子低于两个。这在其他同类国家都未曾出现过，这说明意大利正处于低出生率期。而造成女性们不愿生育的原因有几种：在被调查者中，44.4%的女性抱怨工作强度太大，26.8%则归咎于工作轮班制的不合理，还有5.8%是为没有工作而发愁。

生育孩子对大部分女性来说意味着要失去工作至少两三年，而为了孩子的成长，有一部分女性要牺牲更多的时间，因此她们选择工作岗位的范围就更小，尽管这样，还是有71%的女性愿意在生育之后重返工作岗位，但是工作与家庭的关系处理又是她们头疼的问题。

心 理 指 南 ↓

随着社会的发展，愈来愈多的知识女性不愿放弃自己的事业，她们不堪忍受家庭和事业的双重压力，要求与丈夫分摊家务和抚养子女的义务。为此，很多女性，包括很大一部分男性都提出了这么一个问题：家庭和事业到底该如何兼顾？为此，心理专家提供了以下两点建议。

1. 以主次顺序安排你的生活

在生活中，任何事情都有主次，所以你要确定什么时候什么事情是最重要的，搞不清楚的话可以先把它们的优劣写到纸上，花上一定的时间来弄明白。杨澜就是一个这样的女性，她知道什么时候该去留学，什么时候该生孩子，又应该在什么时候把重心转移到事业上。

2. 舍得放弃，有失才有得

一棵橄榄树嘲笑一棵无花果树说："你的叶子到冬天的时候就落光了，光秃秃的树枝真难看，哪像我终年翠绿，美丽无比。"可是没过多久，一场大雪就降临了，雪堆在了橄榄树那翠绿的叶子上，由于重量太大而把树枝压断了。而无花果树则由于叶子已经落尽了，雪穿过树枝飘落在地上，结果无花果树安然无恙。其实人生也是如此，有失才有得，不必要为失去的东西烦恼，关键是把握住眼前的东西，不要等失去以后才知道珍惜。面对家庭和事业，每个女性的重心不尽相同，但关键是不要害怕失去，也不要为自己的选择后悔，这样你才会让自己的人生轻松起来。

八、30岁女人该"生"还是该"升"

结了婚的30岁女人，在将要错过最佳生育期时最应该考虑的就是"生"的问题，但是这个阶段又是女人职业生涯的黄金时段，所以，"生"还是"升"成了30岁女人的心病。

小娴毕业后在一家报社做记者。由于她独立、干练和自信，很快就得到了上司的赏识，在单位众多新人之中脱颖而出，半年以后，就开始自己独立跑新闻。在采访中，小娴认识了她现在的老公。

两个人结婚不久，小娴就发现自己怀孕了。但是这个时候她的事业正是发展的黄金阶段。小娴觉得自己还很年轻，以后总会有做妈妈的机会，而事业就是这几年，错过了，可能就会给自己留下终生的遗憾，于是很想做掉这个孩子。可丈夫怎么也不同意小娴的这个想法，觉得小娴应该先放一放事业，因为她年纪也不小了，应该要孩子了。

小娴感到很矛盾，她觉得丈夫说的有一定道理，但还是不想因为这个放弃自己的事业，于是背着丈夫擅自将孩子做掉，当丈夫得知这一消息后，既没有责骂小娴，也没有关心小娴，但也没有说话。从此以后，小娴和丈夫的裂痕越来越大，最后导致离婚。

"奔三"是让很多女人感到尴尬的年龄，大多数女性在20几岁开始工作，三十岁时有了一定的工作经验，有了升职的机会。但这个时候，如果只要事业的话，可能就会错过最佳的生育年龄，很多女性为此做着艰难的选择，不知道是该选择"升"，还是要选择"生"。

在现代社会，失业已经不是稀奇的事情了，"失业综合征"已经成为当代社会的一大隐患，引发了各种心理和生理问题，其实这也是职场中女人不想"生"的原因之一。

人生如同一场接力赛，当你拿着接力棒不断奔跑时，你的孩子就是接力棒的承接人，孩子也就是你生命的延续。你所做的就是在这个过程中把自己的一棒跑好，而且还要在这个过程中孕育一个健康的宝宝，将他培养成人，把你的接力棒顺利地传递给他。所以，应该顺其自然，到了该生孩子的年龄就要生孩子。

心 理 指 南 ↓

事业虽然是女性生命的一部分，但对于一个三十岁左右的女人来说，也应该考虑下一代的问题，才不至于让人生留下遗憾。因此，事业上高升的女性，到了最佳的生育年龄，还是要选择"生"，但是需要注意的是"生"与"升"的矛盾要处理好。

1. 不同阶段侧重点不同

大多数女性都会面临生孩子和升职的选择问题，因此，女性要学会在不同时期掌握好不同的事情，尽量做到协调，如果鱼和熊掌不能兼得的话，到什么年龄就要选择什么，学会有所放弃。

2. 女性应承担起自己该承担的责任

很多女性能够在事业上为自己打拼出一片天地，但是却忽视了自己在家庭中应该承担的责任，生活的重心有所偏离。其实，真正幸福的女性，家庭和事业都是不能少的，因此，女性要学会承担起自己的另一半责任。

3. 生孩子也不一定要放弃事业

生孩子放弃自己的事业，也让人感到惋惜。其实，女性完全可以既要孩子，也要事业，只不过是不同时间重点不一样而已。要生孩子的时候，很多女性也可以趁这个时候学一点专业知识，为日后工作充电。

九、产后抑郁都不见

分娩后，家人千般万般呵护着新妈咪，担心她们受凉感冒。新妈咪不只是身体上虚弱，情感也很脆弱，常会患上"情绪感冒"——产后抑郁症，这是女性心理压力造成的。

怀孕时，杨子曾对腹中的宝贝不知做了多少次想象，真想能尽早见到这个小家伙。很快，这个"痛并快乐"的时刻到了。一周前，经过永远难忘的10个小时的产痛后，她终于迎来了心目中的"安琪儿"。

可不知为什么，杨子那种期待已久的热情以及见到小宝贝时的喜悦和激动，在产后没几天就全消失了。她满心都是委屈：丈夫就好像变了个人，只知道关心小宝贝，总是冷落自己。她脑子里装满了担忧：小宝贝很可爱，可我能把她带大吗？她会有美好的未来吗？令她没想到的是，小宝贝原来是那么烦人，一会儿哭一会儿闹，一会儿吃奶一会儿换尿布。

这突如其来的改变，让杨子感到异常郁闷，心头被难以驱赶的愁云笼罩着，一下子变得脆弱起来，还时不时就流眼泪。

很显然，杨子患上了产后抑郁症。据统计，目前患产后抑郁症的女性大概占产妇的10%，而且，产后抑郁越来越青睐于八十年代女性。因为这一代女性多是独生女，她们生完孩子后，家里的爸爸妈妈、公公婆婆甚至包括丈夫在内都开始把关注的目光转向孩子，她们受不了这种冷落。于是越来越多的女性患上了产后抑郁症，而且很多女性不堪忍受抑郁带来的压力。

事实证明，产后抑郁不仅会损害妈妈的身心健康，还会影响家庭的和睦。

产妇由于情绪不稳定，稍不顺心就冲着家人（尤其是丈夫）发脾气，如果家人不理解、不体贴，就会造成家庭成员之间的矛盾，甚至造成家庭破裂；由于产妇情绪不好，办事能力下降，不能很好地照顾、哺育婴儿，则影响了对婴儿的早期教育，造成婴儿发育发展落后；产后抑郁还会影响产妇本人的身体康复及心理健康，严重者甚至有轻生念头。

心 理 指 南 ↓

产后抑郁已成为广大产妇的普遍心理疾病，这种疾病所带来的对个人或家庭的危害是不容忽视的，所以，必须予以调适。

1．怀孕之初即开始进入母亲角色

通过阅读书刊、听讲座、观摩等，学习育儿知识和技能，如喂奶、洗澡、换尿布、抱婴儿等。同时，还要对婴儿正常的生长发育规律、常见疾病防治及安全防范有一些了解，并对意外有心理准备。

2．对产后情绪变化多一些了解

在孕期与丈夫一起向医生咨询，阅读有关书刊或去孕妇学校学习，对产后抑郁症多一些了解，做好心理准备，积极应对产后容易出现的不稳定情绪。

3．产后不要被过多打扰

产后要充分睡眠和休息，过度困乏直接影响新妈咪的情绪。尽量减少不必要的打扰，特别是亲朋好友的探视。新妈咪的精神状态很不稳定，要避免各种精神刺激，尤其是敏感问题，如婴儿性别、体形恢复等。

4．注意情绪调节

情绪沮丧时，一定要注意调节。如和丈夫一起出去吃晚餐或看电影，和好朋友一起聊聊天；把自己的担心说出来，让别人帮助化解；与其他新妈咪一起聊聊带孩子的感受；去做形体锻炼，及早恢复身材；经常放松自己，睡上一小会儿或读书、洗澡、听音乐；天气好时还可带宝宝外出散步，呼吸一下新鲜空气，让心情开朗起来。

十、化解与婆婆之间的矛盾

　　不可否认婆媳之间有时是很难相处的，如果能够处理好婆媳关系，那么整个家庭就会和谐融洽。但是女人在化解与婆婆之间的矛盾时一定要掌握一定的技巧。

　　结婚之前，惠卿对丈夫的母亲有所耳闻，听说她是一个很厉害、很能干的女人，但是相处的机会却很少。结婚之后在一起住，低头不见抬头见，问题也随之而来了。

　　有一次，惠卿吃过晚饭后，偶尔听到婆婆在楼道里嘀咕：媳妇气量狭小，对自己不孝顺，对左邻右舍不尊重，而且人也懒。惠卿听了之后非常生气，回到家一声不响地收拾东西就回了娘家。尽管丈夫和母亲多次劝她，但都无济于事。

　　这样的局面僵持了很长一段时间，但是惠卿却发现这段时间最苦的不是自己，而是她的丈夫。后来她想想，其实自己和婆婆之间并没有什么实质性的冲突，即使婆婆有什么不正确的地方，自己做小辈的，应谦让宽容一下。经过很长时间的思考，在母亲的鼓励下，惠卿主动向婆婆承认了错误，之后，她和婆婆又经过了几次的坦诚沟通，关系日益融洽了。

　　步入婚姻的殿堂，随之而来的是新的生活和新的亲属关系，而在这个新的家庭关系中，不可否认婆媳之间是最难相处的，如果能处理好婆媳关系，那么整个家庭就会和谐融洽，因为它虽然仅仅发生在两个人身上，但是会影响家庭中的每一位成员。

　　婆媳之间发生矛盾是很自然的事情。首先，婆媳之间存在着很大的年龄差距，因此在价值观、思维方式和生活方式上存有很大的不同。其次，有些婆婆有封建思想，想要儿媳对自己唯命是从；但是现在的年轻人接受的是人人平等的新观念，所以有矛盾就很自然。

但婆媳关系的好坏直接影响到一个家庭的和睦和夫妻的关系，很多家庭最后走向离婚多是因为婆媳关系不和。所以，要想夫妻和睦，婆媳关系融洽是必不可少的。

心 理 指 南 ↓

与人相处是需要技巧和智慧的，包括和婆婆的相处。那么，如何与婆婆相处才能使双方的关系更为融洽，从而减少婆媳相处带来的压力呢？

1．顺风推船

在婆媳关系遭遇困境的时候，跟老公划清界限，婆婆老公一起"哄"。老公会因为你的善良和善解人意更加爱你保护你，在收复老公心的同时就等于在婆婆身边安插了自己一个眼线，可以帮你说服婆婆。

2．学会赞美

要在老公的耳边赞美婆婆的优点，利用老公当"传话筒"，让婆婆知道自己对她一直非常钦佩。

3．在她的面前表现出爱她的孩子

要讨好婆婆，最有效的方法是赞美她的孩子，爱她所爱的儿子，表现对老公的照顾和赞美，并保护老公不受伤害，尤其是在婆婆的面前，这样婆婆才会对你放心。

4．换个角度

当你真的不能理解婆婆时，不妨换一个角度来想一下，当你成为一个母亲，一个婆婆时，你当如何？理解了婆婆的处境，就会理解婆婆的苦心。很多时候，换个角度想问题会使问题得到圆满的解决。

走进恋爱季节，小心避开心理陷阱

第四章

懵懂的女孩与爱情不期而遇，该如何应对这突如其来的"意外"？其实，爱并不可怕，只是需要理智，小心避开各种心理陷阱，才能呵护"爱情之花"热烈绽放。

一、关于豆蔻年华的梦幻——初恋

初恋，是人生中最唯美的一段感情，是永存心中的一份甜蜜回忆。所以，追求浪漫的女孩，一定要善待自己的初恋，给自己的感情生活留下一份珍贵的记忆。

15岁的李琳，温柔漂亮，学习成绩优异。初三时，她与同班一个男生很要好。然而，这个男生是班里最调皮的，学习成绩不好。他们所谓的要好，究竟是纯洁的友情，还是少男少女之间相互吸引的朦胧爱意？他们自己也不知道。

李琳的父亲闻听此事后，立即警告李琳说："我早就警告过你，上学期间不许谈恋爱，你要是不听，小心我打断你的腿！"李琳听到父亲这般难以入耳的教训，很是不满，从此，她不再与那个男生公开接触了。

由公开转入"地下"，神秘感也随之而来，性意识的觉醒使这对少男少女有了一些肌肤接触，这越发使他们难舍难分。纸里包不住火，李琳的父亲知道后怒不可遏。一天晚上，李琳又到那个男生家里，两人正在卿卿我我，她父亲突然出现，举起棍子就打。男生的兄长闻讯赶来，双方厮打起来，搞得整个村里的人都知道了这事。李琳趁机跑回家，又气又羞又急，拿起一瓶农药喝了下去……一个花季少女的生命就这样被剥夺了，一段原本没有什么的异性交往在错误的理解下结出了遗憾的果实。

初恋有着情窦初开时的幻想，对美好爱情的憧憬。谁都有初恋，有些人会把初恋的感觉埋藏在心底，永远不表达出来，有人会勇于去表达，说出自己的想法，获得对方的芳心。

初恋是人生当中最完整的记忆。也许，你会忘记自己的第二个、第三个男友，但是第一个却会永远刻在你的心里，让你怎么也挥之不去。这就是初恋的感觉，一种"欲罢不能"的无奈与心灵的冲动。

少男少女的初恋，是心理逐渐成熟的标志，它拒绝世俗的功利主义，不考虑婚姻，是一段纯美的感情经历。它是人生绽开的第一朵鲜花，如初升的朝阳一样美好。虽然它像梦一样迷蒙而短暂，但它注入人心的那种温馨和向往，是培养崇高情操的最好精神食粮，是美好回忆的一部分。

然而面对初恋，有些女孩总是迷惑天真的爱情，当面对家庭和环境的时候，就变得脆弱。现实的爱情就是为了走入婚姻的殿堂，为了下一代的生活。结果有人总是体味不到初恋的浪漫与唯美，甚至为了青涩的初恋而毁掉自己的一生。

心 理 指 南 ↓

我们可以肯定少男少女的两性感情，但是我们不能放任少男少女盲目地坠入"爱河"。他们年龄还小，不知道情为何物，更不识水性，招架不住巨大漩涡的冲击，闹不好会被淹溺。尤其是女孩子，其受到的伤害会更大，所以，一定要善待自己的初恋。

那么，如何善待自己的初恋呢？心理专家给出了几点建议。

1. 正确认识初恋

少男少女之间发生的相互爱慕之情，是名副其实的"初恋"，也是一段不成熟的恋爱。初恋正是因为纯真，所以许多时候恋爱的双方都不懂得控制，往往会深陷其中不能自拔，结果耽误了学习，甚至因为年轻气盛，往往为了对方而不考虑后果，结果做出许多不该做的事情。另外，有些女孩还错误地将异性友情视为恋情，这些都是不正确的，正确认识初恋是留下美好回忆的前提。

2. 与父母互相沟通

造成初恋失败的因素往往是高举"挞伐早恋"之鞭的家长造成的，尤其是少男少女们的初恋。现实生活中，不少家长，一见男女生交往，哪怕一起谈过一次话，一起走过一段路，写过一封信，递了一张纸条，就定性为"早恋"，接下来就是煞有介事地研究如何"防治"。其实，这些往往远非我们所说的"恋"，不过是一般男女同学之间的正常交往。所以，在父母看来容易受到伤害的女孩一定要和父母多沟通，消除他们的不正确认识。

3. 对不合时宜初恋要勇敢地说"不"

尽管初恋是美好的，但是对于那些不合时宜的爱情，我们要大胆地、勇敢地说"不"，例如以学业为重的中学阶段。人的精力是有限的，你用在这个方面的精力多了，用在那个方面的就会少了，如果你天天想着心中的他，势必会减少用在学习上的精力，所以说，不合时宜的初恋，女孩子还是不要碰的好。

二、众里寻她千百度——一见钟情

"众里寻她千百度，蓦然回首，那人却在灯火阑珊处。"影视和小说中浪漫的爱情故事，多有着偶然性，看似上天安排的，但"一见钟情"的背后藏有太多不为我们所知道、所了解的因素。

人们常说，恋爱中的女人是最傻的。张娟就是这么一个女孩子，有良好的家庭背景，令人羡慕的身材和面貌，曾经倾倒了不知多少男子，但是张娟始终不为所动，理由很简单，没有感觉。但没有想到的是，在一次晚会上，一种让她怦然心动的感觉竟然从天而降。当时魏耀就像从天而降的白马王子，他开着一辆新款宝马，一身衣服都是国际名牌……张娟对他很有好感，她觉得这就是她想要的那种感觉，一见钟情的感觉。不到一个月，她就和见了没有几次面的白马王子结婚了。

结婚三个月后，张娟突然间发现，她喜欢的白马王子根本就没有喜欢过她，而且她与魏耀的性格特征、生活方式、兴趣爱好等根本就不一样，两个人很难生活到一起。张娟悔恨之极，婚姻也很快就走到了尽头。

一些喜欢浪漫的女性，面对良好的第一印象，面对突如其来的爱情，她们往往是盲目的，是欣喜若狂的。但是第一印象并不是真的了解，有很大的模糊性和欺骗性，结果吃亏的总是自己。上面这个真实的故事，或许在你的身边也发生过。

一见钟情是很有争议的恋爱方式。很多的时候，它是感情的冲动，是导致爱情和婚姻不幸的重要因素。爱情不仅是一种感觉，而是真实的存在，因此需要了解，而了解就需要时间，所以要给爱情留出适当的时间和空间，让爱情得到历练和验证。

一见钟情有很多弊端。心理专家建议，刚刚进入恋爱季节的女孩儿们，遇到一见钟情的爱情时，一定要给自己沉淀的时间。

心理指南 ↓

爱情并不仅仅是一种感觉，它还需要建立在相互了解的基础之上，而了解需要时间，所以要学会给爱情留出适当的时间，给突如其来的爱情一点喘息的机会，那么你的爱情之花将会开得更艳，更久。

1. 正确看待第一感觉

第一感觉捕捉到的往往是一些表面的、肤浅的东西，而单凭直觉做出的评价往往是简单的，平面化的。第一感觉所捕捉到的信息是静止的，瞬间的。因此，单凭第一印象容易把事物凝固化、绝对化，就看不到事物变化的轨迹。在一见钟情者的眼里，对方的某一方面的特征被放大，在光晕效应的作用下，想象代替了现实，觉得一切都非常完美，没有半点瑕疵。

2. 把一见钟情看做恋爱的开端

认识到一见钟情的弊端之后，再遇到一见钟情时，试着不要把一见钟情看做是恋爱的整个过程，而只是作为恋爱的开端，然后通过彼此的交往和了解，理智地选择，这样你可能就会拥有属于自己的爱情。

3. 多听听身边朋友的建议

如果遇到一个一见钟情的男孩儿，在你头脑发热时，一定要咨询一下身边的朋友，看看他们对这个男孩儿持什么看法。或许听了朋友们的建议，你会对自己一见钟情的白马王子持更加理性的态度。

三、"情人眼里出西施"的审美错觉

面对眼前的情人，恋人都会觉得对方没有任何可挑剔的地方，就像西施一样美丽，这即是人们常说的"情人眼里出西施"。其实，这是恋爱中的一种审美错觉，这种感觉会随人的情感发展而变化。

唐朝时，有个家喻户晓的爱情故事，故事的男主人公叫卢郎，女主人公叫崔氏。卢郎是已胡须花白的老者，时任校书郎；崔氏年方十五，如花似玉，待字闺中。在普通人看来很难理解，如此的两个人，怎能成就一段流芳千古的良缘。但是事实就是这样出乎人的意料，有崔氏的述怀诗为证："不怨卢郎年纪大，不怨卢郎官职卑。自恨妾身生较晚，不及卢郎年少时。"

读这首诗，可以体会到那妙龄崔氏悔恨自己出生得太迟，以至于错过了许多与卢郎比翼齐飞的大好时光，同时也说明这才是"情人眼里出西施"，在崔氏的眼中，卢郎就是她的"西施"。"爱君笔底有烟霞，自拔金钗付酒家。修得人间才子妇，不辞清瘦似梅花"。

古诗云："草茅多奇士，蓬荜有秀色，西施逐人眼，称心斯为得。"音乐大师贝多芬相貌丑陋，可年轻美貌的勃伦施维克小姐为他神魂颠倒。《巴黎圣母院》的埃丝美拉达看出敲钟人的善良、正直，可没有对他产生爱情，而对人面兽心的卫队长钟情不已。

在现实生活中，许多人并不具备性吸引力，但仍有异性选择，并深深爱着她（他）。这是因为，在两性交往中，随着交往的深入，对方的内在美——诚实、善良、理想远大、品德高尚等被相恋的一方认识。一般来讲，热恋中的男女，往往会因为对方的某一因素，就把对方视为自己心目中的完美恋人，"情人眼里出西施"讲的就是这种感觉。这种审美视觉在客观上好像是失真的，而在主观上却是真实的心理体验，从而促使爱情的产生和发展。

如果爱情没有正确的价值观、人生观的引导，这样的审美就容易埋下隐患，导致日后婚姻和家庭悲剧的发生。如果审美错觉有悖于正确的价值观、人生观，一旦爱的激情日渐平息，光环效应随即消失，那时悔之晚矣。

心 理 指 南 ↓

托尔斯泰说："人不是因为美丽才可爱，而是因为可爱才美丽。"对于热恋中的人们，审美错觉是具有一定积极意义的，它让人挖掘出恋爱对象身上内在的美以弥补某些不足，那么就可以推动爱情向前发展。但是，如果"一叶障目，不见泰山"，那么后悔的只有自己。所以，我们要正确认识恋爱中的审美错觉。

1. 用理智战胜感情

有人说"恋爱中的人智商为零"，这句话是有一定道理的。因为在恋爱中，人的感情占据指导地位，从而导致感觉和认识上的偏差。所以，一定要在恋爱的时候对自己、对对方做全面而深刻的分析，不要让感情冲昏头脑，被"审美错觉"引入歧途。

2. 听取别人意见

俗话说："当局者迷，旁观者清"。处在恋爱中的男女容易被爱迷惑，把恋人的某一点当做他的全部，甚至觉得恋人是完美无瑕的，是世界上最好的。此时，你应该认真听取家人和朋友们的建议，再结合自己的认识来重新审视对方，要"择其善者而从之"。

3. 培养对爱情的审察力

一般来说，爱情最能反映一个人最深层次的需要，而只有当恋爱中的男女彼此从内心真正吸引对方时，这种感觉才能够天长地久。所以，要树立正确的择偶标准和恋爱态度，培养对爱情的审察力。

四、走出 "流水无情" 单恋困境

我们都知道，恋爱是双向的，当它以独恋的形式出现时，是很难成功的。然而，人是有感情的，有时候明知无望却难以自拔，让自己品尝苦果。

一个女孩子讲述了她大学期间一次单恋的故事。

我是大二的女生，最近我特别烦恼，因我发现自己悄悄地爱上了我们班上的班长。班长人很帅气，学习成绩也很好，很受大家的欢迎。有一次班上组织外出旅游爬山，班长非常勤快，总是不停地帮助弱小的女生。在一个山坡上，他抓着一棵小树，把我们女生一个一个拉上去。当他的手和我接触时，我顿时有一种异样的感觉涌出，并从此对他产生了好感。虽然那次他并不是只帮助了我一个人。

从此，我就期待着能看到他，听到他的声音，看到他的笑容，有时为此魂不守舍，上课老是走神，经常会想起他握住我手的感觉。而他好像没有丝毫察觉，依旧是那么爽朗。有时看到他和班上的女同学相处得那么融洽，我就很自卑。单恋实在太痛苦了，又不敢和别人说。

在爱情生活中可以看到，有的青年对身旁的一位异性颇有好感，异性的一个笑容，一抹眼神都能引起情感的愉悦，内心充满了真挚而狂热的爱。可是因为面子或者其他原因，从未表白过，但随着时间的流逝，这种感情变得越来越强烈，由于这份感情长期压抑在心理，所以容易造成苦闷。

单恋者经常会体验到情感的痛苦，因为他们无法正常地向自己所钟爱的人倾诉柔情，更不能感受到对方爱意的温馨。一般来讲，在单恋的人中，女性居多，因为生理和心理的特点，以及传统的道德观念的影响，导致了大多女孩子不喜欢外露自己的感情，矜持而内敛，并且她们的自尊心比较强，害怕遭到拒绝的心理也是一个主要的原因。

爱情的产生和发展，有一个必不可少的前提，即是相互的，是双方感情的交融。人们常说，爱情是两颗互相碰撞的心迸发出来的火花，如果你只是一味地单相思，这并不是爱情，而只是你对异性的一厢情愿而已。

心 理 指 南 ↓

每个人对单恋的情绪控制和调节能力不相同。有的人能很快地从单恋的漩涡中挣脱出来，把消极的情绪升华为积极的勇气和信念；有的人却一直沉溺在单恋的泥淖中难以自拔。心理专家提示，天涯何处无芳草，不要因为单恋错过那个喜欢你、爱恋你的人。

1．及时斩断情丝，收回自己的爱

爱情是相互的，如果对方对你并无爱恋之心，那么你强加于对方的爱就没有任何意义。所以，此时你应该知趣地停止对对方的追求，放弃自己徒劳无益的努力。

2．把握"爱情规则"

掌握爱的技巧。如果对一个人有意，可以通过各种途径去表达，不必把光明正大的情感深埋在"心底"。表达出来后，双方有意可继续发展，对方无意可避免陷入过深。

3．转移注意力

当意识到自己沉溺于不可能有结果的情感中时，要尽量使自己的生活充实一些，忙碌一些，这样就可以将不成熟的感情逐渐淡忘，单恋的烦恼就会逐渐消除。

五、爱就勇敢地大声说出来

喜欢一个人是不需要理由的，而暗恋一个人则找不出合适的理由。或许一个眼神对视，或许他一刹那间的美丽，于是心便有了目标。可是不敢说出来，只是默默地关注，于是暗恋的花朵也在默默地绽放。

小怜是个漂亮可爱的女孩，温文尔雅。小怜还是小学生时，就天天和邻居家的大哥哥王伟一起上下学，放学后还像一个跟屁虫一样地跟着他。这种状况一直持续到她高一那年。

王伟哥哥是一个非常优秀的男孩子，他有着标准的身材，长得棱角分明，英俊潇洒，是运动场上的健儿，是很多女生心目中的"白马王子"，当然，也包括小怜。

小怜高二这一年，王伟考取了美国的一所大学。当王伟踏上飞机的那一刻，小怜知道了什么叫做思念，什么叫做心痛，只是没有说出口。

王伟在美国的几年，小怜习惯了每天都给他写信，给他讲一些国内发生的事情，但是她从来没有说过喜欢。虽然在她的心里也隐约感觉到，王伟哥哥也喜欢自己。这样过了好多年，直到有一天他们再次相遇，小怜终于把那份青春的情绪吐露出口，可是，一切都已经晚了，她的王伟哥哥耐不住寂寞，在美国找了一个一块去美国留学的中国女孩。

暗恋是一份难言的苦涩，让人错过很多好姻缘，甚至失去一生的幸福。

大多时候，我们在把握不准对方的感觉时是不敢轻易把爱说出口的，尤其是女孩子，一般都比较害羞，所以，即使遇到自己喜欢的男子，碍于面子，也不愿意把心中的感觉率先袒露出来。并且，她们总会小心翼翼地掩藏起这份感情，生怕被别人看破。遇到这种情况，就算对方喜欢她也不敢去追，因为她的表情已经表示出拒绝，虽然事实并非如此。

或许品味过这种感觉的女孩子知道，它苦涩而又甜蜜，只是陷入其中的人，久久难以自拔而已。其实，在爱情的道路上，是没有尊严和面子的，爱他就要勇敢地说出来，否则，留下来的只能是遗憾，错过的将是一生的幸福。在适当的时候把爱说出口吧！

心 理 指 南 ↓

爱他，就大胆地说出口吧，哪怕得来的是拒绝，至少也有一个结果，否则你只会生活在自己构筑的虚幻的感情世界里，永远也见不到真正爱情的阳光。不要羞于把爱说出口，因为坐着是等不来幸福的。

1. 学会制造缘分

如果你们不认识，多接触他的朋友，了解他的一些活动及习惯，然后制造一些"偶然"相遇的机会，让对方感觉上天安排你们相见，安排你们相识，制造你们是有缘分的假象。

2. 制造可以表达感情的环境

如果你们是相互认识的朋友，说话可以暧昧一些，比如"如果我找不到男朋友，你愿意补这个漏吗？""我以后老了嫁不出去怎么办？"之类的话，还可以一起出去旅游……借机给对方暗示，让他明白你的心意，而你又不直接说出口，这样两人心中都有了数，也有利于感情的继续发展。

3. 大胆动员朋友去帮忙

朋友就是在你有困难的时候能给你帮助的人，所以，此时你尽可以大胆利用你们之间的朋友来帮忙。但需要注意的是，选择的朋友最好是男生，因为男生办事比较可靠，而且不会出卖你，即使以后不成功，他也不会旧事重提，让你没面子。

六、网恋是危险的游戏

现代社会，随着网络的普及，越来越多的年轻女孩通过这个虚拟的网络，找到了心中的最爱，开始了一段刻骨铭心的爱情。但很多时候，这种虚拟的爱情是经不住实践考验的。

网名为"小龙女"的某高校大三女生，专程到上海与网友见面。当见到对方后，"小龙女"却满脸通红地说："我以后再也不和网友见面了！"

原来，一个月前，"小龙女"在QQ上结识了"杨过"，个人资料显示"杨过"，23岁，上海某大学学生。聊天中，虽然"杨过"的回复都很简短，并且有很多俗不可耐的口头禅，但"小龙女"却觉得很有意思，他的言语间总透着一种难得的童真。最好笑的是，有一次"杨过"居然问了她一道小学数学题。

已经被"杨过"深深吸引的"小龙女"决定"五一"节和他见面。当她提出要到学校和"杨过"见面时，对方却说："我不在学校住，在家里。如果你真的想见我，就来我家吧！"怀着一颗忐忑不安的心，经过精心打扮的"小龙女"按响了上海某家的门铃。门打开后，她看到的是一位高大英俊的男士，对方很惊奇地望着她。"你就是'杨过'？""小龙女"问，虽然有点怀疑，但她宁愿相信他就是自己的网友。当男士得知"小龙女"是来找网友的，很是迷惑。这时，只听到屋里有个小男孩的声音"我就是"。然后从里屋出来一个还不到10岁的小男孩，于是就上演了开始的一幕。

很多年轻的女孩子，都认为网恋是一件很美妙的事情，当身处其中的时候，有一分神秘，有一分期待，有一分朦胧。然而，网络毕竟是一个虚拟的世界，很多时候你很难想象网络另一端与你谈情说爱的男子到底是一个什么样的人。为此，很多女孩子在所谓的网恋中受到了很大的伤害。

虽然，有很多网恋的女孩子，只在乎曾经拥有，不在乎天长地久，而有的甚至认为一个QQ表情，一封E-mail，一番网络对话就是相守一生的承诺。但她们未曾想过，一生的默契，一生的相知，一生的认同，一生的相伴，不是一句单纯的许诺就能实现的。

网恋不是真正的感情，它只存活于虚拟中。一段网恋要想发展成为两个人真正的感情，那还是要回到现实生活中来。网络只是给我们提供了结识与交流的平台。当两个网恋人从网络走到现实中来时，一切仍得从头开始，就像刚刚认识的一样。

心 理 指 南 ↓

假如你有了异性网友，如果你对那份友情有信心，对这份感情还存有幻想，就请你走出友情变爱情的误区，用你的真心去珍藏好这一份网缘，让你的爱情之花开在现实的土壤中。

1. 回归现实

不要整天面对着电脑，更不要对QQ等聊天工具产生依赖症，要经常与现实中的朋友和亲人聊天，交流关于爱情的看法，这样会有助于自己认清网恋的本来面目。

2. 培养爱好

大多数网恋的人，没有什么业余爱好，往往比较寂寞和孤独，以电脑为伴，在虚幻的网络里遨游。这类人需要培养一些业余爱好，经常参加一些室外活动，例如爬山、游泳、旅游等，接触的朋友多了，自然就会摆脱那个虚拟的世界。

七、爱上我的老师怎么办

老师因渊博的知识，儒雅的风度，会成为学生崇拜和仰慕的对象。但是如果双方各有好感，甚至把持不住，很可能发展成一种畸形的感情——师生恋，这是一般道德不提倡也不允许的恋情。

15岁的李珂从小到大一直是父母老师喜欢的好孩子。她不仅学习成绩优异，而且相貌出众。今年，李珂所在班级的语文老师是个刚大学毕业的男青年。他不仅课讲得声情并茂，而且风度翩翩。因此，成了女同学课下谈论的焦点，喜欢的对象，李珂也不例外。李珂这位品学兼优的漂亮女孩也引起老师的注意。

有一次下课，李珂向语文老师请教问题，他们讨论了很久，直到教室里只剩下他俩，当李珂的眼光与老师碰撞的时候，双方都产生了异样的感觉。从那以后，他们常以补课为名，在教室、李珂家、老师家等地点单独约会聊天。但是在两人恋情不断升温的同时，李珂的成绩却一落千丈。尽管老师不停地督促她努力学习，但无济于事。此时，老师如梦方醒，他意识到这场甜蜜的"师生恋"背后的罪恶。于是，当伤心的李珂找他时，他好像变了一个人似的，不停地躲闪。李珂感觉生活失去了意义，最后选择了自杀。后来在她的日记中发现这么一句话：他变了，他骗了我。我的心在流血，我不相信这就是我曾经深爱的人。我感觉生活对我太残酷了，生对我还有什么意义。

师生恋大多发生在年轻的男老师和女学生身上。因为在校读书的青春期少女，生理发育一般要比男孩子早，除了和同学朝夕相处外，接触最多的莫过于老师了。通常来说，老师那渊博的学识，儒雅的风度，风趣幽默的谈吐，以及耐心诚恳的教导关怀，常常使少女内心充满了崇拜、敬爱。和同龄人相比，老师们多一份成熟；和父母比，他们又多一份尊严。于是，异性老师在少女的心目中占有一个特殊的位置，少女就会对他们产生特殊的感情。这种感情在心中暗自生根发芽，就可能成为对老师的恋情。

师生恋中间存在着很大的变数，学生的未来不明朗，而且没有成熟的心理。而对于老师来说，未来已经确定，如果这样的师生走到一起，在以后的道路上很可能出现某些错位。"师生恋"是一个"先天不足、后天失调"的怪胎，免不了有互相伤害的结局，而青春期的少女将是最大的受害者。

心 理 指 南 ↓

事实表明，"师生恋"大多不会有好的结局，这是因为它们要面临很多的现实和无奈，要经历各种人生考验。那么，青春期的少女如何摆脱"师生恋"，走上正常的人生轨道呢？心理专家给我们提供了以下几点建议。

1. 保留师生情谊

因为师生之间的情谊是真诚、纯洁的，所以很感人。如果在你的心中也产生了对老师的崇敬、仰慕，那么请你珍惜，不要用非分的想法和错误的选择去毁灭它。

2. 以学业为重

青春期的少女，尤其是处于高中阶段的学生，最关键的是学习，而不是恋爱，更不应该与老师谈恋爱。学生时期谈恋爱容易分散精力，影响学业与前途，最终受害、吃亏的还是自己。

3. 老师也是不完美的

在课堂上老师虽然表现得非常优秀，但是老师也是一般的人，也会有缺点和不足，有让人不满意的地方。所以，尝试从一个普通人的角度看他，客观地找其身上的缺点与不足，然后写下来，坚持一段时间，就会淡化对他的思念。

八、别让恋父情结困扰恋爱路

在成长的过程中，很多女孩儿始终无法与父亲实现心理分离，直至恋爱，在这种心理的影响下，她们总是有意无意地寻找像父亲一样的恋人，结果错过了很多好姻缘。

　　25岁的小雨温柔大方，三年前大学毕业后就在一家著名的外企工作。综合各方面的条件，她在同龄的女孩中属于佼佼者，因此有不少条件优秀的男孩子追求。可是，小雨却偏偏爱上了一个爸爸般的男人。

　　原来，小雨爱上的是与她在一个部门工作的同事老李，从年龄上来讲，老李只比她的父亲小两岁。工作中的频繁接触和互相照顾，让小雨觉得他身上有一种很稳重、成熟的魅力。跟他在一起，小雨总能感觉到一种父亲般的温暖，而且还有被呵护、被疼爱的感觉。

　　其实这和小雨的父亲有着很大的关系。小雨的父亲是个"上得厅堂，下得厨房"的模范丈夫，看着父亲的优秀表现，看着妈妈的幸福快乐，小雨从小就发誓要找个能像父亲一样优秀的丈夫，而眼前的老李却偏偏符合她的这一条件。然而，离了婚的老李毕竟比她大很多，还有一个正在上大学的儿子。如何面对这段特殊的感情，小雨甚是苦闷。

　　都说年轻男子是期货，保不准哪天就会升值；中年男人是现钱，可以拿来就用。但现在社会中，也会听到一个豆蔻年华的女孩子爱上一个完全可以当自己父亲的老男人的故事。这会让很多人都觉得莫名其妙，为什么她们不找与自己年龄相当的男人，偏偏寻找一个可以当自己父亲的男人做男友。

　　心理专家认为，这与"恋父情结"有着很大的关系。一个女孩在成长的过程中，始终无法与父亲实现心理分离，结果，与母亲的关系疏远不说，与同龄男性的正常交往乃至婚恋也会受到影响。这样的女孩总在有意无意寻找父亲样的恋人。但即使找到了，相处也会成为问题，因为恋父的女孩性格大多内向、娇气、任性，她们找父亲恋人就是为了让对方呵护自己。

另外，父爱缺失的女孩儿也很容易产生恋父情结，她们常常将对父亲的感情转移到现实中某个与父亲极其相似的男人身上，后者便不知不觉地成为父亲的替代品，但他又不能和父亲画等号。在父亲的光环作用下，他被进一步"神化"，成了女孩儿心中完美无缺的"情圣"。

心 理 指 南 ↓

弗洛伊德认为，恋父情结对女孩的发展不利，一生都可能受其影响。如许多青春期的女孩所说，她们并不是真的想停留在某种特殊的状态里，但是爱情似乎打了结，总也理不顺。所以要想"破茧而出"，只有先解开情结。

1．行为调整

如果可能的话，创造出暂时远离父亲的工作和生活的机会，摆脱对父亲的依赖和崇拜。在新的环境里，除了尽可能地学会独立完成工作以外，还应当尽量多安排一些与同龄人交往的时间，培养融入群体的兴趣爱好。

2．向朋友倾诉

如果你喜欢上一个父亲式的男人，但你知道这不是真正的爱，你只是喜欢他带给你的温暖和呵护。这个时候，一定要把自身的困扰讲给身边的朋友听，向他们倾诉，让他们帮助你找到合适的解决办法。

3．寻求心理医生的帮助

"恋父"从一定程度上来说，属于不良心理的外现。如果你不小心陷进"恋父情结"的怪圈，又找不到解决的办法时，不妨去找心理医生咨询，寻求他们的帮助。

九、不做 "飞蛾投火" 的女人

> 如果遇到自己真正喜欢的男人，有的女孩子就像是一个无所畏惧的英雄，如果需要，甘愿搭上自己的身家性命 "飞蛾投火"，结果真的血本无归。

王佳芝是张爱玲短篇小说《色·戒》中的女主人公。小说中，从麻将桌上汪伪政府的太太们的言来语往中，引出王佳芝与特务头子易先生的地下暗情。谁知这暗情中还有更惊人的内幕。原来王佳芝与易先生的相识是源于两年前在香港一群爱国大学生的暗杀计划，当时计划暴露，大学生们逃散。如今佳芝到了上海，与地下组织接了头，一个新的捕杀易先生的网正悄然打开。

麻将桌上，王佳芝借故脱身，在赴与易先生幽会地点的路上给 "家" 里打了电话。"家" 里布置杀手准备在珠宝店趁易先生给王佳芝买钻石的时候行刺。一切都有条不紊地进行着。王佳芝顺利地把易先生引到了预定的珠宝店，杀手也埋伏妥当。但是在钻石成交的时刻，王佳芝忽然动摇，想到面前的易先生是 "真爱我的"，临时变计提醒易先生逃走。狡猾干练的易先生当场脱险，随后部署全市戒严，把王佳芝及其同党全部捕获处死。

可以说，王佳芝就是一个 "飞蛾投火" 的女人。为了 "爱"，王佳芝甘愿投火，可惜到最后自己成了牺牲品。更可气的是她竟无怨无悔。似乎有种归去来兮的淡定，"生是他的人，死是他的鬼"！

生活中，总有一些非常固执的女孩子，一旦恋上一个人，哪怕他蛮横霸道、无赖成性；哪怕他没有工作，没有能力；哪怕和他的恋情遭到身边所有人的反对……也会对他不离不弃。只要是自己认定了，她们甘愿飞蛾扑火，有大义凛然和视死如归的气魄。在这些固执的女孩儿看来，不管别人怎么看他，怎么看这段恋情，反正他对我好就足够了。

的确，一旦遇到自己真正喜欢的男人，女人常常就像一个赌徒，恨不得把自己全部的身家性命搭上，舍身相救，哪怕最后血本无归，输个精光也在所不惜，任旁人怎么劝也无济于事。而结果受伤的总是自己。

心 理 指 南 ↓

当看尽世事，终于明白，不是每一个射手在射杀猎物时都是"含泪"的。聪明的女孩儿，如果你遇到了一个非常"无情"的射手，难道你还要傻傻地去做那只不再躲闪的白鸟吗？女孩们都醒醒吧。

1. 相信爱情，但不迷信爱情

相信真正的爱情是存在的，但期望它会超越一切是不现实的。爱情可能随时间的变化而变化，它的消亡不一定意味着背叛，而极有可能是自然的衰退。对爱情如此认识，可以使自己不迷信爱情，也就不容易受伤和绝望。

2. 能进也能退

投入的时候可以忘我，结果出现时就让理性站出来，不管结果是婚姻的开始还是爱情的结束。唯有如此，才能把握爱情的主动权，不在感情中迷失。所谓"该出手时就出手，该放手时就放手"。

3. 不要轻易地与他同居

很多女孩子遇到自己喜欢的男人，就轻易地与他同居，将自己的灵魂与身体一起交给他，这是极不明智的做法。一个真正对你负责的男人，他会为你着想，而不会让你献身爱情。你应该享受的是恋爱的快乐，心灵的愉悦，而不是身体。

十、别指望一个男人无条件地爱你

> 很多女孩子都渴望有个男人无条件地、像个奴隶一样地爱自己、服从自己。爱是平等的，一个男人如果真的这样，他未必值得你爱，或许他是别有用心。

当初为了追到李靖，陆林没少费工夫。刚开始追求李靖的时候，陆林每天都会拜托花店给她送一束玫瑰花。然而，一个月之后，李靖还是没有反应，于是陆林亲自去送，而且每次下班，都会在公司的楼下等李靖。

李靖生日的那个晚上，陆林打电话让她打开窗户。当李靖打开窗户的时候，发现楼下用蜡烛摆成了"心"的形状，中间是"生日快乐"。看到李靖打开窗户，陆林燃放了早已准备好的烟花。当绚烂的烟花燃放在空中时，陆林在楼下大声地喊道："李靖，我爱你。"那一刻，李靖感动了，答应做他的女朋友。

开始，陆林好到了极点，每天接送李靖上下班，经常制造一些惊喜和感动。在他的甜言蜜语之下，李靖终于选择了与他同居。然而，同居不到两个月，陆林就原形毕露了。他让李靖断绝与一切异性的交往，一切事情都要听他的，李靖稍有不从，他就会又打又骂……李靖明白了，一个当初为了追求自己，绞尽脑汁的男子，只是为了完全占有自己。

爱情生活中，尤其是在追求女孩儿的日子里，像陆林这样的男人是名副其实的痴心汉，为了得到爱情，为了追到女人，他们什么缠绵的话都说得出来，什么事情也都能够做得出来，可以做饭、洗衣、下跪，甚至丢掉自己的尊严。对于自己心爱的女人，他们是含在口里怕化了，捧在手里怕摔了。但就是这样的男人，一旦把你追求到手，就可能变成世界上最无情的人，他会把在你身上丢掉的尊严一一找回来。也许正是那个曾经对你说出"如果没有你，就算得到了全世界又怎样"的男人，会在得到你之后，对你说出最刻毒的语言，会毫不留情地离你而去。

其实，不是他变了，一个为爱甘愿放弃自己尊严的男子本来就是可怕的。他们想的是征服，包括征服女人，他们喜欢征服带给他们的快感。一旦你被他打动，日子久了，他就会原形毕露。看看网络上的"相爱不成，反泼硫酸""追求不成，而动杀机"，你就知道这种没有条件的爱是多么可怕了。所以，女人不要追求无条件的爱。

心 理 指 南 ↓

很多例子表明，一个肯用尊严换来爱情的男人，是没有男性阳刚的，更没有值得人爱的资本；一个无条件爱你的男人，势必会希望你也会同样地爱他，或者更加爱他。因此，不要指望一个男人无条件地、像个奴隶一样地来爱你，这对你对他都不是好事。

1. 不要随便践踏男人的尊严

如果你认为爱情生活中，女孩子应该盛气凌人，处于强势地位；男人就应该低三下四，不管对错都要道歉的话，你就永远也得不到真正的爱情。因为没有男人愿意当窝囊废。一个男人果真当了窝囊废，他早晚有一天会翻身的，到时候，你就有苦头吃了。

2. 在爱情中保持双方平等

现实生活中，人的身分地位不同，但爱是平等的。当你不自觉地把自己归为优越的一方时，你们的爱情就不会长久。所以，和爱人在爱中保持平等吧，不强势，也不要卑微。

十一、让爱情恐惧症远去

爱情是一道色香味俱全的菜，如果不去品味，就会失去机会。因此，爱情恐惧是完全没有必要的，当爱情来临时要勇敢地直视和面对，用爱情的甜蜜和幸福来证明爱情是你生命中的天使，而不是魔鬼。

28岁的云霞至今还孤身一人，她说自己患了爱情恐惧症："只要一听到有人说喜欢我，我就莫名其妙地紧张、担心，那种恐惧无法言状，于是，我开始逃避，不再出现在这个人的面前，想从人间蒸发。"

她母亲为她担心，但是在她看来，世界上的男人没有一个可靠的，包括背叛了母亲的父亲。还有自己至亲至爱的表姐，当初不顾所有人的反对，毅然嫁给了那个一无所有的男朋友，但不久就离婚了，原因是这个男人原以为表姐家很有钱，后来发现并非如此。再后来，有人又给表姐介绍了一个对象，可是却又一次被骗。

云霞还说，她一个大学男同学，结婚没几天，就天天在外打牌，很晚才回家，并且亲口对她说，不要相信男人，男人没一个好东西！

当梁山伯与祝英台、罗密欧与朱丽叶双双为爱殉情，当他们的爱情成为千古绝唱时，不知有多少人把爱情奉为生命中的全部。于是，为了爱，他们奋不顾身，放弃一切。但是，近期的一次调查却发现了一种令人奇怪的现象：人们逐渐对爱情产生了恐惧，尤其是女性。

婚姻、爱情，付出越多，伤害就越大吗？这个问题让很多女性久久找不到答案。于是面对爱情，就望而却步。她不想自己受到伤害，于是就像一只刺猬一样，把锋利的刺裹在柔弱的身体外面。目睹了太多的爱情和婚姻的不幸，很多女孩子对爱情选择了逃避。

据心理专家分析，容易患爱情恐惧症的女性，主要包括以下几种。

家庭不幸福，尤其是单亲家庭的女孩。因为，在她们的意识里，爱情和男性不能带给她们安全感。

爱情上受过挫折的女性。所谓"一朝被蛇咬，十年怕井绳"，爱情的挫折带给了她们太多的伤痛。

心 理 指 南 ↓

可以想象一下，如果这个世界上没有爱情，那将会是怎样的一个世界？如果人人都在为物质，为金钱而活，岂不是会错过生命中很多美好的感觉。那么我们如何找回恋爱的感觉，又该如何克服爱情恐惧症呢？

1. 尝试约会

如果你仍不能对谁动心，就环顾四周，选一个对你有意、你也认为最好的一个人，尝试和他约会一周，想出他不少于10条的优点，然后写在纸上，每天默念3遍。尝试之后，你会发现自己的心会为爱情而动，开始有朦朦胧胧渴望的感觉。

2. 交流感觉

随时交流和对方相处的感受，集中精神留意对方的反应，并适时调整。让对方觉察到你对他的注意力。

3. 品读爱情

不妨抽时间看看经典爱情小说，从书里找点儿纯洁的男女情愫。别以为那是不合时宜，要知"经典"永远比时髦更接近真理。品读爱情的甘甜，渴望爱情的滋润可以说是每一个人的本能，不要刻意地压抑和掩饰，否则你会失去人生中最美妙的风景。

巧施妩媚小计，
机灵抓住男人真心

第五章

女人的可爱来自她的天真无邪，来自她的温柔妩媚。女人要多个心眼儿，会施小计的女人才更具吸引力，能把男人紧紧握在自己的手心里。

一、给他体贴入微的关怀

给男人体贴入微的关怀，是女人对男人的责任和义务，是婚恋所必需的调味剂，更是牢牢抓住一个男人的心，让他对你更加疼爱、不丢弃的密钥。

最初的时候，在关爱老公这方面，爱娇就表现得不是很聪明。

爱娇的老公患有胃病。有一次到了吃饭的时候，丈夫还在看足球比赛。虽然爱娇很心疼丈夫，还专门给丈夫做了一些清淡的菜，煲了一锅富含营养的粥。但是，在叫丈夫吃饭的时候，爱娇却大嗓门地说："还磨蹭什么啊？不知道你有胃病吗？再不按时吃饭，迟早会转成胃癌……"一句话说得丈夫脸色铁青，怒火中烧。以致愤怒地说道："好你个婆娘，你是不是咒我早点死去啊？"两个人你一言我一语地为这事大吵了起来，事后爱娇觉得自己十分委屈。

其实，爱娇如果能够对老公温柔一点、体贴一些，例如可以这样说："老公，先过来吃饭吧，你的胃不好，医生说要按时吃饭，今天我特意给你煲了汤，很养胃的。"也是叫吃饭，但这样说丈夫的感觉就不一样了。

现代社会，竞争的压力越来越大。男人作为这个世界的核心人物，不可避免地会感到身心疲惫。一天的应酬下来，他们最渴望的就是回家得到太太体贴入微的关怀。因为在这种贴心的安慰中，他们所有的疲惫就会一扫而光，第二天又能够重整旗鼓。

然而，越来越多的女性却做不到这一点，就更不要提细致入微的关怀了。例如，劳累了一天之后，男人下班回家，躺在沙发上闭目养神，很多女人就会唠叨男人懒。殊不知，他在单位的忙碌已经让他身心疲惫，如果此时你能给她倒上一杯热茶，或者帮他轻轻按摩，他定会对你感激不尽，或许还会给你同样的回报，这些都有助于你们之间感情的维持与升温。

现在的女人，或许从小就是在蜜罐里泡大的，习惯了饭来张口，衣来伸手的生活，很少懂得去体谅别人的辛苦，更不要说去体贴他人了。在婚姻生活中她们也是如此，只顾自己的感受，很少顾及对方的心理，结果婚恋受挫。

心 理 指 南 ↓

男人多是一块璞玉，需要女人用自己的耐心和毅力慢慢雕琢。因此，对于女人而言，懂得给男人入微的关怀，适当地给予他们温暖的感觉，实在很必要。心理专家给出了如下方法。

1. 主动询问男人的需要

当发现男人心情不佳时，可以试着主动询问男人的需要，倾听他的诉说，让他知道你现在能够给他提供一定的帮助。男人都有身为大丈夫的尊严，当你领悟到他的需要并提供关怀时，他自然会贴近你、关爱你、怜惜你。

2. 学会换位思考

身为小女人，也许从来都是他照顾你、体贴你，而你也会觉得他的这些付出都是理所当然的。如果你能够换位思考一下，想想自己不被人体贴的滋味，你可能就会学着去体贴他、关爱他了。

二、做"贤妻"，更要做"美妻"

　　身为女人，要想牢牢抓住丈夫的心，不光要"贤"，更要美。不论什么时候，在丈夫面前，你都应该保持美不胜收的姿态。这样不仅会让周围的人耳目一新，还会让自己心情愉悦，更会让丈夫对你宠爱不已。

　　结婚之前，李芳是人见人爱的美女，她有着苗条的身材，长及腰部的、乌黑亮丽的长发，而且永远都化着淡妆，不但漂亮，而且优雅。为此，很多男人都迷倒在她美丽的容貌之下。

　　然而，婚后不到两年，她的丈夫说起她时，表现的却是一副很无辜的样子："我不知道她是不是在婚前迎合我的'长发情结'，把头发留得长长的，养得黑黑的，常让我忍不住想要抚摸一下。奇怪的是，婚后不到两个月，她就把头发剪了，说短发更容易打理。现在呢，可能天天忙于照顾孩子，她的发型整个就是一鸡窝，更别提美了。"

　　还有一个男人说，他最不喜欢不化妆的女人，他觉得女人的形象是第一位的。而且，化妆是一种生活态度，化妆的女人对美有着独特的见解，对生活充满了激情。虽然说生活热情积极的女人不一定都注意自己的形象，但在乎自己形象的女人必定是对生活拥有热情的女人。

　　应该说，恋爱时，很多女人都处于对美毫无止境的追求之中，因为这个阶段，她们想的是"女为悦己者容"。但结婚之后，很多女人便放弃了这一口号，她们觉得既然丈夫已经见识了自己的方方面面，知道了自己的真实面貌，就不需要再费尽心思讨好丈夫的眼光了，认为此时最重要的是要温柔贤惠，做一个真正的"贤"妻。但他们丈夫的眼睛，却从来没有停止对"美好事物"的猎取。

　　如果说恋爱中的女人最美丽，那么婚姻中的女人最憔悴。婚姻让女人的美丽逐渐凋零，很多女人一旦结了婚，会变得节约、不修边幅，不再购买漂亮衣裳，舍不得买化妆品，使自己不再清纯可爱、羞涩文雅了。结果呢，"好色"的男人就会外出猎艳。

女人千万不要相信了丈夫的那套"即便当你美丽不再，我也不会嫌弃你"的谎言，而从此不修边幅，安心在家相夫教子。因为，跟外面那些淡妆浓抹，或清纯，或性感的女人们比起来，早已熬成"黄脸婆""老黄牛"的你除了落个"贤妻"的口碑，还能落得什么实惠的好处？

心 理 指 南 ↓

善良的女人们，与其让丈夫去看别的漂亮女人，甚至毁掉自己的幸福家庭，不如把自己打扮得更漂亮一点，让他对你爱不释手。

1. 经常化个淡妆

每天早上起床后，抽几分钟的时间化个淡妆，例如涂个浅色的眼影，修修眉毛，画个淡淡的口红，用点护肤水，再涂点粉底……美丽和精神瞬间就会显现出来。男人面对这样的女人，肯定会忍不住多看几眼。

2. 让运动来塑造完美身材

适当地运动不仅有强身健体的作用，对女性来说，还有塑造美好身材的作用。所以，婚后的女性，尤其是生过孩子身体发生变化后的女人们，一定要选择一种适合自己的运动，帮助自己恢复体型，塑造完美身材。

3. 塑造自己的气质

除了容貌体型，女人还应该注意自己的气质。即使自身不漂亮，也要懂得"三分长相，七分打扮"。即使做了他的爱情俘虏，也要做个有气质的俘虏。经久不衰的个人魅力是吸引男人最有效的武器。

三、用赞美挑起他良好的自我感觉

人都喜欢听好话，男人自然也不例外。事实上，男性比女性更爱慕虚荣，所以女人应该试着去欣赏、赞美自己的老公，这样你会发现他身上有很多优点。你欣赏赞美他，他对你也会更加疼爱。

有一对年轻的夫妇，几年前因为没有正式工作，一直靠打短工来维持生计。后来发现，鲜花行业的发展前景不错，于是就开了一家花店，生意非常兴隆。

面对着别人的羡慕和夸奖，这位妻子总是说："以前根本不知道我家先生有这方面的才能，到现在他才找到了发展的天地，而且，他不但是一个好经理，还是一个好的策划。我是真不知道他从哪儿学来这么多的知识，知道每一种花语，而且能够告诉每一位顾客该给送花对象送什么花。"

妻子的夸奖，使男人的名气又增加了很多，而且，在她的夸奖下，男人更努力地学习领悟每一种花语以及插花的技巧，花店的生意比以前更上一层楼。最重要的是，丈夫觉得，自己找到了一个懂自己的女人。

对于这样的女人，恐怕所有的男人都会陶醉于她的甜言蜜语之中。通常人们对一个人的印象，他妻子对他的评价是很重要的依据。如果他的妻子能够适时地在别人面前把他赞美一番（赞美一定要实事求是），会引起人们浓厚的兴趣。

但是现实中的很多女人，结婚之前，她们看男人身上到处都是优点；一旦走进婚姻的殿堂，就觉得丈夫身上存在着各种各样的毛病，然后就有了不满和争吵。曾经甜蜜的日子就在日复一日的争吵中渐渐远去，回忆以前男人对自己的宠爱，女人不禁会黯然神伤。

其实，不是婚后男人的身上都是缺点，而是因为女人缺少了发现男人优点的眼睛。作为一个女人，只要用心就不难发现丈夫身上的优点，适当地赞美几句，会让你们的爱情锦上添花。懂得赞美的女人不仅能够给丈夫宽心，而且自己也会拥有无比的幸福和成功。赞美，意味着你把他当自己的宝贝来看待，欣赏他所有好的品质。当他得到你的赞美之后，会因为你的支持和给他足够的面子而对你更加宠爱。

心 理 指 南 ↓

女人对男人的赞美不仅能够满足男人的虚荣心，维护男人的面子，同时也像一种高级营养品一样，成为男人最好的滋补。赞美也有一定的技巧。

1. 赞美要发自内心

赞美男人一定是要发自内心的，要有事实的依托，才能收到预期的效果。如果只是一味地恭维，没有丝毫事实依据，男人就会觉得你这个人很虚伪。这样不仅不能收到奇效，还会增加男人对你的厌恶。

2. 赞美要合乎时宜

赞美的效果在于做到"美酒饮到微醉后，好花看到半开时"。 例如当丈夫计划做一件有意义的事时，开头的赞扬能激励他下决心做出成绩，中间的赞扬有益于他再接再厉，结尾的赞扬则可以肯定成绩，指出进一步的努力方向。

3. 赞美要有新意

赞美老公，要有一定的新意。例如赞美的语言要具有很强的魅力和吸引力，赞美的角度是别人没有发现的"闪光点"和"兴趣点"，采用不露痕迹的表达方式等。这样的赞美会起到事半功倍的效果。

四、在人前人后要给他十足的面子

与丈夫相处，也要讲究技巧，他们面子的禁区、雷区，聪明的女人勿访，更不要踩中，否则，情感就会给炸飞。而正确的做法是，时时处处都要维护他的面子，必要时自己做衬托，突出他，必将换来他的宠爱。

怡铭是一个十分聪明的女子，能够把男友把握得牢牢的，使男友离不开她。其实，在怡铭看来，这是一件很简单的事情，那就是一定要给男人足够的面子。平常，两个人单独在一起时，怡铭可是说一不二，男朋友虽然人高马大，在单位也有头有脸，但对怡铭是唯命是从，百依百顺。原因在于，在众人面前，怡铭给足了他面子。

例如，每次有朋友来他们小屋做客，怡铭都会十分主动地把自己放在为男友和客人服务的位置上，客气周到地为他们端茶倒水，做饭洗碗。男友说什么，她就做什么，绝无二话。这一点使男友十分感激，背后常常夸她有分寸。

每次一起上街，在大庭广众之下，怡铭也绝对不会使男友难堪。她从来不会在街上对男友大吼大叫，也不会让男友拎着自己的女士手提包在偌大的商场里乱窜。通常，怡铭的做法是一手提着自己的手提包，一手挽着男友的胳膊，小鸟依人的样子让男友甜蜜不已。

现实生活中，很多女人总喜欢在婚恋中处处要强，喜欢男人对自己唯命是从，以此来证明他是多么爱自己，自己在他心目中的地位有多高。结果却适得其反。虽然有时他也可能会对你表现得唯唯诺诺，多是因为他爱你，而不代表他不在乎面子。

向来，男人都很在乎自己的面子。但是，现实生活中，有些女人不了解男人的这种心理，不自觉地把在只有你我两个人在场时的威风拿到大庭广众面前，以显示自己的威力，并自以为很得意。但是这样做不但会有损他在大家心目中的形象，会使他感到狼狈不堪，威信扫地，以至于在以后的人际交往中，成为众人嘲笑的对象，而且你的这种做法会招致他的反感，或者抵抗。所以说，聪明的女子，一定要时时处处都维护男人的面子，给他足够的尊严。

聪明的女人，懂得如何维护自己男人的形象。她们知道，让男人背着女式包无异于让男人穿上你的丝袜与裙子陪你逛街；在大庭广众之下指责、挖苦、刁难男人，相当于揭他们隐私于光天化日之下。如此一来，男人怎么会对你上心呢？

心理指南 ↓

聪明的女人都懂得在什么场合、什么时候应该给男人留面子；而且知道，男人既刚强又脆弱，有的男人甚至把脸面和荣誉看得比生命还重要。作为女人，你要了解、掌握他的这种心理，在该给他面子的时候一定要给足。

1. 善解人意，留住他的心

善解人意的女人都知道，男人既刚强又脆弱，对男人精神世界里的禁区，会很细心地避开，以免她的男人尊严受到伤害。而男人大多是理性的，他们会对女人的善解人意而心存感激。

2. 爱他就学会"捧"他

每个人都有虚荣心，都好面子，男人尤甚。常听人说："男人靠捧，女人靠哄。"女人要想得到男人的宠爱，不仅要关心他、照顾他，还要善于发现他身上的闪光点，哪怕是很小的一点。女人对男人的"捧"不仅满足了男人的虚荣心，维护了男人的面子，还能给男人输送能量。

五、决不轻视他的工作和收入

聪明的女人应该知道，名利乃身外之物，只有深爱的人快乐地生活在自己身边，才是摸得着的幸福。因此，不要拿别人跟自己的男人比，更不要给他制定不切实际的奋斗目标。鼓励他，支持他，才能得到他的爱。

萧然对相恋3年的男友越来越不满意了，理由是男友在一家公司工作了3年，没有升职，涨薪也有限。马上要结婚了，连个房子都还没有。

一次参加同学聚，萧然发现同学都比自己过得好。回家之后，她就开始指责男友不思进取，不求上进，并提出分手，然后搬回自己家住。事实上，萧然并不是真的分手，这只不过是她常用的伎俩，这样男友就会来哄她，然后承诺说什么时候达到她的要求。

然而这一次，萧然等了一周，男友也没有来找她，甚至连条短信都没有。两个星期过去了，依然如故。这下，萧然急了，主动给男友发短信，打电话，但男友始终一副不冷不热的样子，更没有提让她回来住。萧然觉得男友可能一时放不下面子，时间长了就会去找她。但是，又过了两个星期，男友却发短信给她说："然然，我给不了你想要的生活，我们分开吧！"听后，萧然傻了。

记得有一段很经典的相声说"男人是一部车，你不但要会开，还要会修"。的确是这样，女人如何正确而有效地驾驭你身边的男人，是必须面对的一个课题。

所谓男人，即难人也，这是很多人给男人的定义。他们在生活中要担当起养家糊口的责任，相对女人肩头的轻松，他们的肩头是沉甸甸的责任。如果一个女人没有工作，或者挣钱不多，所有人都会认为这是理所当然的，但是男人就会招来无能、窝囊的罪名。

往往就有这么一些女人，动不动就拿自己的男人和别人相比"你看看人家××，和你同一所学校毕业，人家现在年薪都几十万啦，你呢？到现在连个房子都买不起！"这些话在无形中会加大男人的压力，让他感到苦闷烦躁的同时，也会对你平添一份厌恶。

明理的女人都知道，不管什么时候，都不应该对男人的工作和收入横加指责。世界如此之大，竞争如此激烈，不可能每一个男人都优秀。那么，身为男人背后的女人，为什么就不能理解一些，宽容一些呢？如果能够在爱情生活中多一点宽容和体贴，即使是不成功的男人，也能够为你撑起一片艳阳天。

心 理 指 南 ↓

广大女性朋友，如果你的男人很平凡，工作不出众，收入不算高，那也不要抱怨他。因为你的抱怨并不能解决问题，反而会恶化你们的关系，甚至会让他越来越讨厌你。聪明的做法是，与其抱怨，不如转变心态，化抱怨为鼓励。

1．不要试图改变他

生活中，人与人的天赋和喜好有很大的不同，机遇不同，性格也不同。因此，不要试图改变他，不能以你的喜欢去要求他，改造他；更不要逼迫他去做一些自己并不喜欢做的事情。女人一定要明白，无论什么时候都不苛求自己的男人，才能得到他的爱。

2．鼓励他做喜欢做的事情

聪明的女人明白，男人想要做自己喜欢做的事情时，一定要支持他，鼓励他。因为男人喜欢听鼓励的话，这样他才能够调动他的积极因素，为你，为这个家撑起一片天地。

六、让他也有一些自己的小秘密

真正聪明的女人，在与男友相处时，懂得与男友保持一定的距离，尊重男友的隐私权。女人只有学会善待男人的隐私，尊重男人的隐私，才能真正得到男人的心。

看了电影《手机》之后，联想到老公最近早出晚归的行为，颖丽就想：是不是老公有外遇了。于是，她开始对老公的手机严加盘查。她首先从电话号码查起，看到不认识的人的电话，非得问清这个人是男的还是女的，家在哪里，和老公什么关系；她又对老公近来一段时间的通话记录进行查询。

以后的日子里，每当老公的电话发出响声，她就会第一个拿起。老公认为她的行为简直就是无理取闹，想出了各种方法应对。

可是颖丽越发感觉老公有问题。她不但没有意识到自己的做法不可取，反倒认为自己的方法不够先进。于是变本加厉地搜查老公的钱包，查询老公的电脑，甚至跟踪老公的行踪。时间久了，老公觉得颖丽太过分了，而且这样的生活让他觉得很累，无奈之下，只好提出离婚。

生活中，每个人都有自己的事情，也都有即使是配偶也不想让他知道的隐私。这个时候，你不要千方百计地问他最不想说的事情，因为他不想说肯定有他不想说的道理。更不要随意翻看他的手机、电脑等，这是愚蠢的做法。

聪明女人对对方表示绝对信任，尊重对方的隐私，不经过对方的允许，绝对不会贸然闯进对方的私密空间，也不会试图从他的手机里、聊天记录里查找蛛丝马迹。即使你看到了什么，也只是凭空给自己增加烦恼而已。当然，女人的好奇心都是非常严重的，尤其是婚姻中的女人，会更在意老公的隐私。可是在意归在意，最好还是不要触碰老公的隐私，即使无意中"碰"上了，也要装做不知道，否则只会徒增老公的逆反心理。

有人说，婚姻生活的理想状态是，夫妻是两个交叉着的圆，并非两个圆重合或者毫不沾边。因为两个圆重合时，你中有我，我中有你，夫妻间就没有了距离和隐私；毫不沾边时，彼此形同陌路，同床异梦，这都会导致婚姻关系的破裂。而两个圆相互交叉时，代表两个人既有重合的部分，又有各自的私密空间。如此一来，夫妻双方会因为重合部分而珍惜对方的感觉，也会因为相对独立而放松；彼此之间会更加理解、包容、尊重、和谐。因此说，在婚姻生活中一定要尊重对方的隐私。

心 理 指 南 ↓

不懂尊重男人隐私的女人，就是对男人极不信任，不尊重。另外，女人的过分做法还会使男人恼羞成怒，在斥责你对他不尊重的同时，对你的好感也会降低，以致影响两人的感情。所以，聪明的女人，一定要懂得，对于丈夫的隐私一定要保持绝对尊重。

1．不要随便翻看老公的手机、电脑等

手机、电脑、钱包等，都是老公的首要隐私。聪明的女人明白，不可以随便翻看老公的这些东西，否则是对老公极大的不尊重。作为女人要对自己的老公保持信任，尊重他的隐私，才能赢得他的宠爱。

2．不要逼他说自己不想说的事情

和他在一起时，如果你想要知道的事情恰恰是他不想说的，那么就不要硬逼着他去说，不然只会增加他的反感和叛逆。聪明女人的做法就是，既然他不想说，那就等他想说的时候再听，而男人会因为你的善解人意而感激不已。

七、创造浓郁清新的小情调

有人说婚姻是爱情的坟墓，而造成这种现象的原因在于没有对爱情及时保鲜。在平淡的婚姻生活中，如果你懂得创造浓郁清新的小情调，那么，你们的爱情就会浓烈依旧，浪漫依旧。

苗苗和丈夫结婚两年后，他们就开始互相指责对方。一次周末，丈夫陪她到一家大型商场买东西。街上人很多，走着走着，俩人就走散了。她只有回头去找，找了好半天，才遇到满头大汗的丈夫。她满腔怒火刚要开口，只见丈夫忽地过来，一把拉住她的手说："行了，这样就再也丢不了了。"

不知为什么，那一刻，苗苗突然发现有一些特别的感觉洋溢在心头。很久以来他们都没有牵过手了。恋爱的时候，他们每天都握着对方的手走路，然而现在却是相互埋怨，相互谴责，谁也不肯为对方做点什么。

从那一天起，苗苗开始改变自己，她总是费尽心思地变着花样做一些丈夫喜欢吃的饭菜，失意时给他鼓励，得意时提醒他小心，而且也注意打扮自己，每天都会给丈夫一些新鲜和惊喜……渐渐地她发现，她与丈夫的关系逐渐好转，生活其实是很有乐趣的。

世间情多，真爱难说。走进婚姻的殿堂是男人和女人在找到自己的真爱后才做的决定。但结婚后的很多人却说，婚姻是爱情的坟墓。之所以会这样，是因为他们对爱情没有及时保鲜，使爱情逐渐枯萎。

爱情是甜蜜的，但是维系爱情则需要双方共同努力，随着婚姻生活的持久，爱情也会变质，就如同水果一样，都是需要保鲜的。作为爱人，不但要接受他的优点，还要接受他的全部。这里面，需要宽容，需要体谅，需要道德，需要责任心，当然也需要浪漫，尤其要克服自身的惰性，决不能让坏习惯成自然。

生活是平淡的，可是平淡中也有激情和浪漫，关键在于你是否主动寻找和创造。聪明的女人，可以试着改变一下你们习惯的生活模式，如举行一次烛光晚餐，送给他一件神秘礼物，给他的口袋里放上一张甜蜜的纸条……如果你愿意，你每天都可以创造浓郁清新的小情调，使彼此生活在热恋之中。

心 理 指 南 ↓

懂得品味生活、保鲜爱情的女人是生活的艺术家。她们知道，生活不单是柴米油盐酱醋茶，如果不懂得保鲜，时间久了，爱情就会湮没在其中。但如果能够把握生活与爱情之间的平衡，品出平凡生活中爱情的甘甜，就能让爱情在平淡的生活中萦绕不绝。

1. 给爱留一点空间

烧过灶火的人都知道，柴草塞得太满，火焰反而熄灭，所以千万记住，给爱留一点空间。给对方保留一个自由的空间，或许你们之间的爱情就会像恋爱时一般充满激情。

2. 每天给爱留出十分钟

每天给爱留出10分钟，在这短暂的时间里，夫妻之间要做的事就是交谈，让夫妻在这短短的时间里感受一下爱在他们之间的位置，帮助彼此看到爱的希望，感受夫妻之间爱的点点滴滴，慢慢品尝沟通带来的喜悦。

3. 让家务活暂时走开

许多结了婚的女人有过这样的经历，和爱人为了谁洗衣、谁做饭争吵不休，或者繁琐的家务活让爱的火花渐渐熄灭。据调查，家务活是影响夫妻感情的一个重要因素。因此，一定要注意合理安排时间，不要让它"插足"爱情。

八、让男人留恋你做的美食

有位哲人说，抓住了女人的身，就把握了女人的心；而拴住了男人的胃，就拴住了男人的心。这话是极有道理的。所以，女人一定要学点烹饪技巧，让男人留恋你做的美食，进而让他留恋你这个人。

据说日本著名职业棒球阪急队的领队上田的成功，与他太太的手艺有很大的关系。上田领队从当教练的时候起，非常关心队员们的生活，倾听陷入低潮年轻选手的苦恼。因此，夜间比赛结束后，都没通知太太，就直接把选手带回家里。每碰到这种情况，他的太太从不会露出不悦的神情，反而精心调制餐点待客。未婚的选手们都知道，只要去上田教练家就可以一饱口福。

职业棒球教练的薪水很有限，这些年轻选手又个个身强体壮，正值发育期，所以这笔临时支出的伙食费也不是小数目，对于每个月家里的赤字累积，上田夫人为了丈夫的事业一句怨言也没有。不久，上田从教练升到了领队，这完全是前面的付出得到的结果，能使上田教练高升的当然是靠那些以上田夫人拿手菜填饱肚子的选手们。阪急队获胜的背后，领队夫人的巧手慧心应该说是功不可没的。更重要的是，上田领队对她的爱也愈加深厚，一天不吃她做的饭菜就觉得生活中少了些什么。

聪明的女人知道，在平凡的生活中要想抓住男人的心，仅仅靠漂亮的容貌是不行的，还必须能够上得厅堂，下得厨房。她们也许不会在男友下了班的时候接过男友的衣服，搂着他的脖子撒娇地说："亲爱的，我快想死你了！"但是她们会在接过男友衣服之后，温柔地说："累了吧？先吃点饭！"然后她们会端上几道诱人的菜让男友一饱口福。而男友对她的爱也就会在这一道道色香味俱全的佳肴中日益增深，并逐渐变得悠远深长。

有人说：要想抓住男人的心，先要抓住男人的胃。也许，你做的菜不能和饭店里大厨所做的美味佳肴相比，但是你一定要做出几道拿手的好菜得到他的认可，当他慢慢品尝你做的佳肴时，也会品味出你点点滴滴的爱。

一个女人下厨做菜不仅仅体现了对丈夫的爱，而且也可以表现出女性的温柔和体贴。一个女人如果爱她的男人，爱这个家庭，她就会乐于学习、研究烹饪，做出各种美味可口、营养丰富、搭配合理的饭菜。一个能把下厨当情趣的女人，必是懂得生活的，而这样的女人对家庭、爱情也会多一些温婉、宽厚和聪明。

心 理 指 南 ↓

家庭的幸福相当的部分在油盐酱醋中，一个女人，能为自己的男人做几道他喜欢吃的菜，煲一锅他喜欢喝的粥，就是爱的表达，爱的浪漫，就是对丈夫最好的安慰。因此说，想要拴住一个男人的心，就要养好男人的胃。

1. 了解各种食品的营养成分

要想做出合口、营养的饭菜，就需要掌握一定的营养知识，了解每一种膳食的营养成分，更重要的是一定要具有这份爱心才行。因此，很多家庭餐又叫爱心餐；主妇煲的汤又叫爱心汤。满含爱心的汤和菜能深得男人的喜爱，而对做饭的女人，他们也必定会非常宠爱。

2. 弄清男人的饮食喜好

做饭之前，一定要先弄清男人的饮食喜好，如果他根本就不喜欢吃鱼，即使你做得再鲜美，恐怕他也会视而不见。凡事一定要对症下药，到什么山上唱什么歌。生活中，也只有你做的饭菜合了男人的胃口，他才会把这一切都看在眼里，爱你在心里。

九、躲开他，让他回来找你

　　再浓郁的爱情，也有疲惫的时候。聪明的女子不妨适时停下爱情的脚步，躲开他，玩个突然"失踪"，让你们的爱情歇一歇。如果你方法得当，他定会回来找你的，你们的感情也会升温。

　　红霞和男友在一起已经3年了，同居也差不多一年了。红霞觉得男友有什么秘密瞒着自己。她发现男友经常接到一些女孩的电话或短信，有的甚是暧昧。问及男友这些事情，他总是一笑了之。

　　思来想去，红霞觉得十分委屈，但她确定男友还爱着自己，不过如果这样走下去，她担心男友对自己的爱坚持不了多久。后来，红霞决定玩一次失踪，考察一下男友是否还在乎自己。

　　随后，红霞向公司请了几天假，把男友未来几天的事情都安排好。然后一个人外出旅游，而且把手机也关了。红霞走的那天，男友下班回家后，习惯地等她回来，但直到晚上8点还不见人影，拨打手机，却是关机。向朋友问了一遍，大家也都不知道她去了哪里，男友甚是慌张，一夜失眠。第二天早上，男友把电话打到了红霞单位，得知她只是请了几天假。然后把所有能想到的地方都找了，无果，结果慌了神。晚上，男友一个人在家想象着红霞的一颦一笑、一举一动，发觉自己不能离开她。

　　于是，他不停地拨打红霞的手机，直到半夜12点多，终于通了。在得知红霞在三亚之后，他第二天一早就乘坐飞机飞了过去。

　　痴男怨女们的轰轰烈烈的爱情，确实让人感动。可是，两个人腻在一起时间长了，三天两头地争吵会逐渐代替以前每天的眉目传情、热烈长吻。很多女人甚至会想：他可能不爱我了吧？要不怎么会如此对我。其实，他并非不爱你，只是时间久了，原来的新鲜感就会逐渐被平淡代替，如果这个时候还不采取一些理智的做法，那爱情就真的会离你越来越远了。

爱情犹如人的大脑神经，时间长了劳累了，务必要歇一歇，这是深陷爱河的男女都应该意识到的。尤其是女人，当发现他已经成为你生活中的一部分，觉得自己离不开他的时候，也会发现曾经那个对你十分迷恋的他，开始多了一些不屑。这时候，你任性、撒娇、吵闹，把以前非常灵验的招数都用上，但还是不能换来他对你像以前一样的宠爱。事实上，这是很正常的事情，因为爱情并不能总是处在激情燃烧的状态，必要的时候也需要降降温，需要让爱情歇一歇。为了让他冷淡的心重新变得炽热起来，不妨躲开他，让他回来找你。

心 理 指 南 ↓

在自己的男人面前突然"失踪"，是测定男人的好办法。如果用得好，能加深男人对你的思念，让他意识到你的重要性，从而对你宠爱有加；但如果用得不好，可能会有相反的效果。因此，玩"失踪"时一定要注意以下几点。

1．不要急于失踪

如果和男友相识不久，最好不要玩"失踪"，这样会让男友觉得你神经不正常，轻则对你不加注意，重则可能会影响他对你的好感。

2．不要经常玩失踪

再好的招数，用的次数多了，也会失去效力，就如患者长期用某种药物会产生抗药性，感情也一样。聪明的女人一定要意识到这一点，千万不要经常玩失踪，不可滥用。

3．贪心不要太大

很多女人为了让男友体味"孤独"的滋味，就延长"失踪"的时间，例如两个月，三个月等。但长期失踪的效果并不一定好，因为男人的耐心是有限的，你失踪过久，他可能会为了弥补孤独而寻找新的目标。

十、管他就像放风筝，收放要适度

　　自由的爱才是珍贵的。男人爱你，但并不属于你，你可以试着把他的爱留在心底，然后把他的人放飞。被女人拴在腰带上的男人，是没有自由可言的。当男人挣脱腰带扬长而去时，才是女人忧愁苦悲的开始。

　　苏芮的老公相貌堂堂、成熟稳重，有着极强的事业心和责任感。现代社会，像这种极具魅力的好男人，对年轻女性是很有吸引力的。苏芮与他相恋时，就已经认识到了这一点，而且在内心也做了充分的准备：绝不过分干涉他的社交和生活。

　　为此，有很多朋友很疑惑地问她："你的老公这么优秀，你这样听之任之，难道不担心他会跑掉吗？"苏芮听到这样的话，总是一笑了之，因为她始终认为，与其死死地拖住他，让他拼命向外挣脱，不如给他一定的自由，让他拥有自己的空间。当然，完全放松也是不可能的，还要想办法拉住他。例如，可以用柔情感化他，用体贴打动他，用情理疏导他。

　　丈夫也常有晚回家的情况，但苏芮从来都不打破砂锅问到底。丈夫见苏芮对自己这么信任、放心，并不像其他女人那样因为晚回家一会儿就悲戚、寻死觅活，更加觉得苏芮明理、贤惠，值得宠爱。

　　在爱情和婚姻生活中，不光是男人，很多女人也都有强烈的占有欲，希望自己能够独享男人的情感，包括他的时间、空间等。于是，很多女人甚至对男友或者老公采取"圈养"方式。结果呢，爱情就像抓在手中的沙子，抓得愈紧，留下的越少。与老公相处也一样，你愈是想要控制他，他就越想挣脱。所以，对他的管束一定要适度。

　　但是，很多女人尤其是婚姻围城中的女人，总害怕自己遭丈夫抛弃。于是就毫无节制地限制丈夫的行为，例如规定丈夫下班后必须立即回家，不准丈夫和女同事有往来等。而聪明的女人则会把男人看做是风筝，一方面把他放飞，一方面又把线牢牢地握在手心里。

如果爱他，就像苏芮一样给他充分的自由吧！众所周知，监狱里的犯人都是失去自由的人，如果你一味地对自己的丈夫严加看管，他和那些犯人又有什么区别呢？当你把你的丈夫当犯人一样地看管时，他还能够爱你吗？会办事的女人都知道，对老公的管束应宽严适度，给他独立的时间和空间，让他有自己的社交圈，有自己的活动范围，让他自由独立。

心 理 指 南 ↓

聪明的女人知道，对男人管束过紧会使他逐渐失去锐气，增强反抗心理。男人很多时候是需要"放养"的，也只有"放养"的男人才可以永葆他"男朋友"一般的魅力，并时常牵挂着那个对他信任、体贴、理解的你。

1. 男人要"放养"而不是"圈养"

"圈养"男人，就是囚禁自己不安的心。这个世界上没有全天候爱情，要顺势给爱情一个星期天。放养他，他跑累了，会乖乖回家。因此，对于男人，与其"圈养"不如"放养"，就好像放风筝，他飞得再远，线头还捏在手里，如果有爱，还怕什么？你只要准备一颗放心，一颗信心，一颗爱心，做个稳操胜券怡然自得的"三心牌"新好太太。

2. 爱他就要相信他

婚姻生活中，有的人是步步设防防不住，时时盯紧盯不紧。最重要的是在婚姻生活中一定要给男人绝对的信任，信任男人，是他的解放也是你的解放，给他自由和尊严，他会对你感恩图报。

面对感情漩涡，
冷静终能化险为夷

第六章

　　爱情是最容易让人迷失的。当美好的幻想破灭，当自己心有偏移，深陷情感漩涡之中的女性该如何应对，才能力挽狂澜，化险为夷呢？保持内心冷静，才能避免一切困惑和误会。

一、当男友身边蜂飞蝶舞时

男友风流倜傥，气质不凡，且开拓了一份成功的事业；他的身边自然免不了有好多小女人围着他打转、示好。这时，你会不会很担心呢？你又会怎么做呢？

安心的男友杨鹤是一家著名企业的经理，人长得英俊潇洒，气质不凡。他每次出现，都会招来公司MM们的注视，一些大胆的女孩子还故意走上去和他说上几句话，趁机展示一下自己的魅力。但对于这些，杨鹤都是一笑了之。

听到这些事情的时候，安心特别生气，要求杨鹤不准理那些无聊的女人。但不久后，她却觉得要想让杨鹤永远留在自己身边，首先需要从自己身上下工夫，让杨鹤意识到他离不开自己。

此后，每天早上她都会告诉杨鹤天气情况，提醒他注意穿衣；杨鹤出差，安心会提醒他注意安全；工作时，她会提醒杨鹤注意身体；有时候，她还大老远地跑到杨鹤的公司，只为送上自己亲手煲好的汤……此外，她还把自己打扮得漂漂亮亮的，经常手挽杨鹤，同时出入在"花草们"的面前，表现出很恩爱的样子。而且对杨鹤充满了信任，不论外面如何风传男友的绯闻，安心都不会大声斥责杨鹤，在朋友面前给足了杨鹤面子，更不会让他为难。一段时间以后，安心发现，那些花花草草们都知难而退了，而男友对她也更加温柔体贴，呵护关爱，甚至连一天都不能离开她了。

每个女孩子都对成功的优秀男人充满了崇拜和好感，都喜欢成熟、稳重，风度翩翩的优秀男人，因此，那些所谓的优秀男子身边，少不了花花草草，免不了蜂飞蝶舞。

而一旦某个男人整日穿梭在这些花花草草之中，恐怕这个男人的女友就会担心他，说不定哪一天就会醉倒在另一个女人的温柔乡里。那么，那个男人女友要怎么才能够避免他出轨呢？怎样才能驱散他身边的蜂蝶呢？心理专家认为，这个时候女人保持自信是十分有效的。

故事中，为什么别的女人不能代替安心在杨鹤心中的位置呢？难道是因为安心最漂亮吗？难道是安心管得严吗？不是的，是因为安心的贤惠，而这种贤惠是其他女孩子都不能够相比的。因此说，假如你的男友非常优秀，以致身边蜂飞蝶舞时，千万不要因为害怕失去他而把他看得紧紧的，你越是这样，他越会心存逆反，对外面的女子更加好奇。

遗憾的是，并不是所有的女人都拥有足够的聪明。她们觉得当男友有可能出轨时，如何把他身边的花花草草、蜂蜂蝶蝶赶走才是最重要的。于是她们和外面的女人争风吃醋，对外面的女人充满怨恨，对男友的事不管、不问。时间久了，男友会越来越寒心，本来是和外面那些花花草草逢场作戏，这样一来就有可能弄假成真了。

心 理 指 南 ↓

聪明的女人都知道，男友身边那些色彩各异的彩旗自己是永远也拔不完的，但只要自己这面红旗不倒，男友还是完全归自己所有的。因此，她们会学着贤惠，帮男友把住所收拾得清清爽爽，经常给他做一些可口的饭菜，帮他照顾好家中的父母……如此，就会在男友心目中占有举足轻重的地位，会令男友对你刮目相看。所以，聪明的女子，绝对不会和那些彩旗争风吃醋，她们会审视自身，提高自我，以此换来男友的爱恋和不舍。

为此，心理专家给了一些建议。

1. 定期和男友现身于蜂蝶们面前

贤惠是必需的，但是仅有贤惠好像还不够，你还应该定期地把自己打扮得漂漂亮亮地和男友出现在蜂蝶们面前，并且表现得很亲热。但不能过于频繁，否则男友会有逆反心理，认为你不相信他；但也不能间隔太久，可视蜂蝶们招惹男友的频率而定，长则一个月，短则一星期。如遇特殊情况，还可以搞一下突然袭击，例如在公司门口等他下班，直接去办公室找他等。

2．千万不可监视男友

有些女孩子可能是因为害怕男友把持不住自己，就不给男友任何可能"作案"的时间，要求男友按时上下班，保持手机24小时开机，隔三差五还会"查岗"。如此会让男人觉得自己比笼中的鸟儿还要难受，肯定会尽力外逃，这样很难保证男友不会出错。

3．相信自己的魅力

当男友身边总有围着他团团转的女孩子时，作为他的女朋友，你应该保持足够的自信，相信他是爱自己的，相信自己有足够的魅力让他对爱情坚定不移，相信他对你的感情。而当一个女人充满自信时，会焕发出前所未有的美丽，也肯定会吸引男友的注意。

二、当发现对方并不完美时

金无足赤，人无完人。与恋人相处的时间久了，你可能会发现他并没有想象中的完美。那么，你会怎么做呢？如果处理不当，你们的爱情将会出现裂痕，甚至走向尽头。

晓霞的男友李刚是一个喜欢热闹的人，喜欢与朋友小聚。两个人刚开始相处时，可能是因为新鲜，晓霞没有意识到男友的这点。但随着相处时间的增长，李刚似乎厌烦了两人腻在一起的日子。下班后，也不着急和晓霞约会了，而是经常去自己朋友那里，有时，两个人甚至一周还见不了一次面。

日子久了，晓霞忍无可忍，于是和他大吵。但吵得越厉害，李刚就越不爱与晓霞约会，有时候甚至电话都不打一个。晓霞为此气得饭也吃不下，觉也睡不好。想了几天之后，晓霞发现，除了这点，李刚并没有别的毛病。

晓霞想明白之后既没有哭也没有闹。而是选择在男友又一次晚归的晚上，给他准备好洗漱用品，还做好了丰盛的夜宵，并留下一张纸条，让他吃点东西，洗洗再睡，免得第二天上班没有精神。李刚看了十分感动，第二天起床后，打电话给晓霞说："真对不起，以后我会尽量多抽时间陪你的。"从此以后，李刚很少和朋友在一起了，反而抽出更多的时间来陪晓霞。

刚开始恋爱的时候，可能很多女孩儿都觉得自己的男友是完美的，没有可以挑剔的地方。但随着相处时间的延长，会发现那个完美无缺他，也存在着很多这样那样的缺点。这个时候，假如是你，你是愤愤然地选择分手，还是选择用宽容来呵护你们之间的真爱呢？

试想一下，如果晓霞对李刚的缺点采取责骂或者冷嘲热讽的方式，结果会怎样？或许李刚会离她越来越远，或许两个人的爱情会彻底崩裂。但晓霞采取了宽容，使已经存在危机的爱情转危为安，而且又多了一分甜蜜与和谐。

在宽容面前，有错的一方尽管不会很快将错误改正过来，但是他却有了改正的决心，而且会对对方充满感激。因为来自女人的宽容是男人最好的动力，当然不领情的男人是有，但毕竟是少数，正常的男人会好好地珍惜来自女人的宽容，因为宽容对男人来说是实实在在、时时刻刻的需要。

心 理 指 南 ↓

聪明自信的女人，能够适时地宽容自己的男友，她们从不会当众揭穿男人们的谎言，出门在外会给男人留足面子；聪明的女人都懂得用宽容来呵护自己的男人。那么，如何来宽容不完美的他呢？

1. 允许男人沉迷于一些没有意义的小事

很多事情，在女人看来没有任何意义，但有些男人却乐此不疲。例如，有的男人喜欢把好好的打火机拆来拆去，有些则喜欢打电动游戏，有的则痴迷于足球。对男人的这些事情，女人要学会宽容，因为男人往往透过这些癖好来达到心理缓冲。宽容可能是更好的关切和督促。

2. 允许男友和其他女孩子交往

能够让男人和其他女人交往是一种宽容。男人天生喜欢寻找和欣赏异性身上的美，但并不是所有的男人都见一个爱一个。事实上，有好的欣赏力的男人，多半会更好地爱自己的女友。

3. 对男人的不图进取保持沉默

在男人不图进取时保持适当的沉默是一种宽容。男人在一生中很少能够持续不停地一往无前。大多数男人总会有周期性情绪波动和行为上的调整。鞭打快牛的结果往往适得其反，男人并不总是需要激励。

三、当双方个性难以融合时

恋人关系，是以爱情为纽带的社会关系。而恋人和睦相处，靠的是情感的接近和融洽，靠的是彼此的理解和尊重。所以，聪明的女孩儿们，当发现男友的个性很强时，对他多一分理解和尊重吧！

王菁华和常戎都是著名演员，多年的演戏经历塑造了他们要强的个性。刚开始恋爱的时候，两个人因为个性都很强，没少发生纷争。常戎是性格特别执拗的人，只要是他认准的事情，就一定会坚持下去，谁也争不过他。而王菁华的个性也不弱，用她自己的话就是"只要是意见我就不听，我只听表扬"。

相处时间久了，王菁华觉得吵架实在没意思。而且，架是越吵越厉害，越吵越生气，话说出来一次比一次难听，特伤人，以致后来成了人身攻击。他们担心终有一天这种吵闹造成的矛盾会变成一条无法逾越的鸿沟，这样的结果是十分可怕的。

后来王菁华想，既然两个人的个性都改变不了，那不如试着接受。于是，他们两个决定：遇到问题要马上摆到桌面上，不管大事小情都要商量着解决，要互相忍让。另外，为了婚后的矛盾冲突少一些，两个人还签订了一个《爱情条约》。如此，在以后的爱情道路上，两个人一路走来，最后终于走进了婚姻的殿堂。

在恋爱的道路上，一些恋人之间的矛盾，往往是因为双方的个性都很强引起的。双方个性都很强时，做普通朋友的时候会互相欣赏，但变成恋人之后，缺少了朋友间的"距离"，短兵相接之下，欣赏变成了不服气，不服气又演变成互不相让，甚至对方的优点也变成了缺点。

要强的个性对生存在竞争社会中的人是必要的；但对于恋爱生活中的男女，却有不少弊端。例如在事业上取得很大成功的男人在恋爱生活中就比较固执己见，听不进别人的规劝；而这样的女人往往会得理不饶人，甚至有了错误也不愿意改正，等等。

如果恋爱中有一个人如此，一般还没有什么，大不了对方容忍一下，就不会起争端。但如果双方个性都很要强时，就会起纷争，而且不容易平息。其实，如果双方能够互相多一些理解，互相多一些尊重，在不妨碍情侣关系的前提下，如普通朋友一样，在性格上允许保持一定的"距离"，会减少许多战争。

心 理 指 南 ↓

恋人相处，保持双方性格上的"距离"，尊重对方的个性，是个性都很强的恋人和睦相处的一个重要原则。恋人之间如果能够多忍让一些，多理解一些，多宽容一些，多尊重一些；那么和谐、快乐、幸福也就会多一些。

1．列举对方的优点

个性很强、经常吵架的情侣眼里看到的常常都是对方的缺点，以至越看越不顺眼。其实，你如果试着寻找对方的优点，便不至于这样了。而且，这个方法能够有效地使经常吵架的恋人从消极的情绪中摆脱出来。

2．换个角度看问题

心理专家研究发现，感情变淡了的情侣，大概有一半是因为彼此的个性比较强，彼此看不惯，以致决定分手。但如果换个角度看问题就会发现，很多事情并非原则问题，不要把这些事情看得太严重。

3．订立爱情公约

如果你和男友经常为了一些小事吵架，不妨订立如下爱情公约：①凡事要互相忍让；②想要大声吵架时暂时离开一会儿；③彼此要真诚以待等。一般而言，爱情公约会对双方起一定的制约作用。

四、当双方再没有秘密时

距离产生美，而美是一种心理感受，温馨又浪漫。但恋人之间距离的远近很难把握，因人而异，因时而异，全靠自己揣摩。恋人之间的距离不是随意制造的，必须在认识的基础上恰当把握。

有两个男人同时追求一个女人，这个女人不知道该选择哪一个。这个时候一场突如其来的非典袭击了女人生活的城市。于是女人分别打电话给两个男人，谎称自己发烧，可能感染了，时日不多。唯一的愿望是能够再见上一面。

第一个男人立刻说："你疯了吗？你应该是去医院而不是见我！"女人挂了电话。接着是另一个男人。他一分钟都没有犹豫地赶往女人的住所。进门就拥吻了她。女人说："你不怕我传染你？"男人说："没有你，我活着还有什么意义？"像大多数的女人一样，她选择了后一个男人。

故事到这里并没有结束。当他们生活在一起后，女人不让男人抽烟，不允许他出门会朋友，要求他晚上十点钟之前躺在床上，哪怕出去做工作也要让她跟着一块去，因为他想知道对方的全部事情。因为她爱他，所以不能让他在非典时期有任何的不安全，想知道他的行踪，了解他的一切。

可男人觉得这样的生活太枯燥，完全不是自己想象的。他们开始吵架。女人哭男人叹气。最后男人对女人说，我们分手吧！这才是结局。男人说，我可以为你死一千次，可是这样为你活着却太累了。

现代社会，很多处于恋爱中的男女，开始，为了充分享受恋爱的幸福甜蜜，时刻都腻在一起，恨不得把所有的秘密都与对方分享。然而，当彼此之间没有一点空间的时候，爱情已经渐离渐远了。

给彼此多一份自由，多一点空间，爱情才会长存。如果双方能够理解人有时想独处的需要，那么当对方想单独待上几个小时或者几分钟的时候，谁也不会觉得受到了伤害和产生被对方冷落的感觉。

当爱成为彼此的束缚，最初的甜蜜牵挂就成了绞索，能把所有的誓言绞成碎片。爱也需要呼吸新鲜自由的空气。两个原子，不可能因为引力作用完全重叠，也不会因为斥力作用完全远离。平衡，是世间万物相守共存的第一准则。

心 理 指 南 ↓

给爱一点自由，但这自由应该像风，始终萦绕在爱人的周围，而不是从此流连在百花丛中，乐不知返。给爱一点距离，但这距离应是触手可及的，当他需要你的拥抱，需要你的安慰时，能够及时地抵达。给爱一点空间，但这空间应是适度的，能增强彼此的神秘感。

1. 保持自己的生活空间

俗话说，小别胜新婚，距离产生美。适度地分离也许更添思念。现实生活中，有许多恋情是在束缚与反束缚中走向灭亡。恋爱中的男女应该给自己留一定空间，保持正常的事业基础、朋友圈子，在工作、交往中不断提升自己的人脉和工作能力。

2. 适当减少在一起的时间

男女双方在一起的时间久了，难免会失鲜，而且每个人都需要一个独立生活的空间，这个空间是任何人都不能够侵犯的。所以，可以适当地减少在一起的时间，这样既保留了新鲜感，也让自己有时间做自己的事情，生活也会增添不少乐趣。

五、当爱情变得平淡时

浪漫是纯真的心态，是对生活的热忱。聪明的女人知道，突如其来的鲜花是浪漫，包装精美的礼物是浪漫，手牵手漫步街头也是浪漫，她们也会时不时地在平淡的爱情里面制造一些浪漫，使爱情更加浓郁沁人。

静雅与男友已经同居两年多了，虽然男友对她照顾得无微不至，而且收入也不错，但是她总觉得缺了点什么。近段时间，她感觉男友更俗了，每天下班，手里都是提着菜，还有一些生活用品。不要说电影院或者咖啡厅，连餐馆他们都很少去。即使出去一次，男友也是选择去大众餐馆，眼睛总是盯着菜，而不是她。静雅觉得很没意思。

一次偶然的机会，静雅在网络上看到了这样一句话："草地上开满了鲜花，可牛群来到这里发现的却是饲料。"她突然明白了，其实浪漫是存在的，只是他们缺乏发现浪漫的眼睛，才使得他们的爱情变得毫无情趣。从这以后，她不再抱怨，而是想法营造浪漫。

一次下班后，她去菜市场买了很多菜，还到花店买了鲜花。回家后，把鲜花插在瓶里，又做了一顿丰盛的晚餐，然后点上蜡烛。男友一进屋，便被眼前浪漫的景象惊呆了，他惊喜地拥住了眼前的女人。那一刻，女人觉得自己品味到了前所未有的幸福。在以后的日子里她便经常想法营造一些浪漫，结果，他们的感情又回到了初恋时的浪漫。

初恋的激情过后，爱情常会变淡。聪明的女人应该是爱情的厨师，知道适时地在生活中加入各种调味品，让爱情变成美丽的童话。同样，也需要掌握一些爱情保鲜的绝招，在恋爱中熟练运用，就会把爱情变得更加香甜。

生活中，几乎所有的女人都喜欢浪漫，男人喜欢浪漫的女人，所以，

聪明的女人懂得在平凡的生活中去追寻浪漫。一个温柔的眼神，一次随意的牵手，一声热情的赞美，都会让男友惊喜不已。

女人的浪漫，经常是来自瞬间的冲动和兴奋，它的到来没有任何预兆，而且毫无理性可言。而恰恰是这种不可捉摸的情绪，让男人们为之心驰神摇，使他们在慢慢退色的爱情路上，激发出炽热的感情。

心 理 指 南 ↓

幸福的爱情，就好像是炉膛之火，需要不断添柴才能保持，不要幻想靠初恋那把柴，就能够燃烧到爱情的终点。须知美满的爱情，不会自然维持，它需要双方，尤其是女人把更多的时间、精力投入到甜美的爱情中。而时不时地制造浪漫，是保鲜爱情最有效的方式。

1. 时不时撒撒娇

没有一个男人可以抗拒女人的撒娇，不管你的年龄有多大，有时任性或者"赖皮"一下，可以增加感情的"蜜"度。所以，回到家里展示几分可爱，和男友在一起时撒撒娇，足可以让你的男友永远不想和你离开。

2. 偶尔吃点醋

忌妒就是"吃醋"，一个不懂得"吃醋"的女人，就不懂得品味爱情。适时且恰到好处的忌妒，可以证明你对他的爱，满足男人的虚荣，让他享受一下被女人"醋劲"宠爱的滋味。

3. 多些若即若离

两个人相处，聪明的女人懂得把握好分寸，给对方一些空间，要懂得忽松忽紧地抓住对方，跟对方的距离永远保持若即若离。这样，就可以让对方知道了你的信任，更加舍不得离开你。

六、做好恋人到夫妻的角色转换

相爱容易相处难，生活习惯、生活背景不同的两个人在一起生活，四目相对，所有的不良习惯都会渐渐暴露出来。所以，在双方相处的磨合期间，需要更多的体谅与宽容，适应对方，适应婚姻生活。

一对年轻夫妇去办理离婚手续，令婚姻登记员不解的是：两人不论是外貌还是气质，都可称绝配，为什么就过不到一块呢？双方的离婚理由很简单：双方个性太强，谁也改变不了谁。

妻子的委屈是：我是家里的独生女，在家里什么都没有做过，但是结婚后，家里乱，他收拾还得叫上我。走到他家，我已经努力做到最好了，但是婆婆还是半开玩笑似的嫌弃我，说我什么也不会，我确实已经尽力了，怎么就讨不到他们家的好呢。结婚后，他也不像以前一样给我买礼物，不再带我出去游玩，不再经常哄我了，我感觉这样的生活没有一点意思。

丈夫也有委屈：自从娶妻之后，我就成了全职保姆，做饭洗衣是我的，就连她的内衣也让我洗，这些我还能忍受。主要是她的大小姐脾气我实在受不了，她不仅给我施小性子，在我父母面前，哪怕给她开一句玩笑，她也说是父母在刁难她，甚至嫌弃我的父母。这样不尊重父母的老婆我不敢要。

如果说爱情像奇山秀水一样飘逸甜美，那么，婚姻就像广阔平原一样平淡无奇。而从昔日的恋人到如今的夫妻，结婚宣告了这一情景的转换。从恋人到夫妻，彼此都希望对方能够适当改变一下，为的是两个人能融洽地生活到一起。但是我们也知道，每个人的生活习惯都已经与自己相随了二十多年，如果想在短时间内改变，不是容易的。

从昔日的恋人到现在的夫妻，要使两个人的节奏完全合拍，生活习惯完全吻合，不是一件容易的事情。尤其是对婚前并不甚了解彼此的男女来说，更是难上加难，也许他们只记得恋爱时的海誓山盟，却不记得现实的现实与残酷。

每个人都是一个独立的个体。两个独特的"自我"在婚姻中坚持自己的独立和个性，那么婚姻中就不可避免地会发生战争。只有彼此持理解悦纳的心态，经常进行沟通，两个"自我"才可能向同一个方向靠拢，夫妻双方也才能够真正认识和了解，并相互体贴，相互鼓励，相互安慰，真正进入对方的内心世界。

心 理 指 南 ↓

凡事都有一个过程，夫妻双方都是一个独立的个体，完全为了对方改变自己也不可能。这就需要双方一起努力，为共同的家来牺牲一些自己的个性。这时，你会发现家会因为你的存在而更加美丽。只要夫妻双方共同努力，在家庭生活道路上，就没有迈不过的坎儿。

1. 认清恋爱与婚姻的不同

理想是真实的梦幻，爱情是迷人的童话，婚姻是真实的责任。这就是恋爱与婚姻的不同。

2. 学会沟通

沟通的目的在于交换信息，以解决问题，增进了解促进关系，完成从恋人到夫妻的转变。但是，在与丈夫沟通时，一定要就事论事，不要把对其他事情的不满一起说出来。更不要只顾自己说，让对方听，因为这不是沟通，而是演讲。

3. 尊重理解对方

每个人都是独立的个体，都有自己的独特魅力。而婚姻需要的却是两个独立的人融合，真正地适应、理解、体贴对方。这个过程可能很长，也可能很痛，但只要爱还在，一切又算得了什么呢？

七、试婚的游戏不好玩

现如今，试婚悄然流行。试婚，顾名思义就是实验婚姻，是双方在正式进入婚姻殿堂前的一次实验，男女双方不受法律约束。但是试婚带来的危害是不容忽视的，尤其是女性。

某市发生过让人震惊的"4·11毁容案"，就是由试婚引起的。王先生和李女士大学毕业后，在同一科研单位工作。他们对爱情有着独特的认识，在他们看来，不能为结婚而结婚，而婚姻也不能成为事业的羁绊。于是他们选择了试婚。试婚两年后，李女士发现王先生很精明，在工作中像奸商一样戏耍同事，对感情轻率不负责任，是一个自私的男人。她认为和这样一个人结婚肯定不会幸福，于是提出分手。

看到没有挽回的余地，王先生说："既然覆水难收，我也没有什么好说的。我只有一个请求，今晚我们再去一次初识的那个公园，也为我们这两年的时光画个完整的句号。"夜深了，他们沿着公园的小路漫无目的地走着。当走到一个僻静之处时，王先生面露狰狞掏出锋利的水果刀刺向李女士的俏脸……尽管所有人都谴责王先生的罪行，可是对于李女士，试婚给她带来的是血的教训。

"试婚"一词，对于当今的中国人来讲并不陌生。早在几年前，试婚就形成了一股不小的潮流，它虽没能汹涌澎湃，但却在一些青年中"实践"着。在某种意义上讲，试婚是以结婚为指向的未婚同居，它可以增强未婚男女双方的了解，减少家庭因婚后缺少了解而出现的矛盾。然而，婚姻并非儿戏，以身试婚也许会毁了你的一生。试婚与中国传统道德相悖、与国家法律相左，为世人侧目又无法律保护，因此，试婚的结局并不像有些人想象得那样美好。

试婚可说是一场残酷的赌博，是拿自己的青春做赌注，拿自己的肉体做筹码，拿自己的感情去冒险，稍有不慎就输掉自己的一生。爱情具有排他性，任何新婚男人都希望自己的妻子固守贞操，任何一位新娘都愿自己的丈夫情有独钟，然而洞房花烛对于有过试婚经历的男女来讲，无疑是一道关卡，这道关长对于女性更为"险要"。

心 理 指 南 ↓

只要我们对那貌似新潮的试婚投一冷眼，就不难发现试婚的利弊。在试婚有助于把握真正爱情的漂亮外衣下，包裹着的是藏污纳垢玩弄异性的卑鄙和自私，是一种后患无穷的丑恶现象。现今，试婚是不容忽视的复杂的社会问题，它可能会是驶向痛苦深渊的苦舟。

1. 做好充分的准备

在决定试婚时，必须做好充分的准备，例如，是不是确定和男友有了很深的感情基础，对他是不是真的了解；想清楚自己能不能接受试婚失败的事实，在感情上能不能拿得起放得下等。如果你没有做好充分的准备，就不要去接触试婚。

2. 不要将"婚姻是爱情的坟墓"挂在嘴边

恋爱时的海誓山盟、心心相印都会淹没在现实的婚姻之中，这与女人的感性和喜欢浪漫是相矛盾的，加之看到一些婚姻不幸的例子，她们更加相信了"婚姻是爱情的坟墓"，所以，为了实现从恋爱到婚姻的转变而去试婚。但是失败的试婚让她们更加恐惧，甚至影响以后的婚姻幸福。

3. 对试婚说"不"

心理学家告诉我们，恋爱中的男女心理是有区别的。男性希望"占有"对方，而女性则希望能完全与对方"融合"。因为女性往往把爱情视为生命的全部，为了爱情，她们往往不惜一切，甚至不考虑试婚所带来的严重后果，但是受伤的往往是自己，所以，女性对试婚一定要学会说"不"。

八、不做"恐婚"的落跑新娘

"落跑新娘"作为一个新词出现在现实生活中，婚前恐惧症，正在偷袭越来越多的现代年轻人，尤其是女性，从而使她们站在婚姻的围城外面久久徘徊，迟迟不敢推开围城的大门。

今年26岁的郭瑶是位美丽的准新娘。可是，本应该沉浸在甜蜜中准备结婚的她，却变得心事重重。她说："当他捧着一大束玫瑰花和一颗光灿耀眼的钻戒跪地向我求婚的那一刻，我真的特别激动，想也没想就答应了。可是婚期越近，我越害怕。""当我看到身边那些结了婚的朋友，一下班就急急忙忙往家赶，去超市买日用品，每天谈论的话题不是丈夫就是孩子时，我怕自己结婚以后也会变成那样，不再有自由的生活。"

令郭瑶更不能接受的是，在结婚进入倒计时后，未婚夫突然变成了特别喜欢算计的人。在新居装修中，他常常为省下几元钱的材料费与售货员讨价还价很长时间，这与以前大方得体的男友简直判若两人。有一次未婚夫和郭瑶谈起婚后谁来理财的问题，郭瑶觉得未婚夫太斤斤计较，最后两人不欢而散。再三犹豫之下，郭瑶提出了延缓婚期的。

著名影星朱莉娅·罗伯茨主演的《落跑新娘》中，年轻漂亮的玛姬一直希望有幸福美满的婚姻，渴望有一个自己的家。但是她又莫名其妙地害怕走进婚姻的殿堂。玛姬曾有三次在婚礼上逃跑的经历，每次走上婚姻的红地毯时，总是穿着运动鞋，似乎随时准备脱逃。现实生活中，"落跑新娘"也很普遍，据不完全统计，有将近90%的准新人在婚前出现过焦虑、恐惧等。

一般来讲，在患有"婚前恐惧症"的人群中，女性数量要明显多于男性，而且男女之间的恐婚原因也有着很大的差别。男性对婚姻的焦虑主要是考虑自己能否承担起家庭的重担，在他们看来，婚姻既是他们的向往，也是一个负担。在结婚之前的一段日子，他们会忽然觉得婚后有那么多事情得自己来"扛"，觉得压力很重。而女性的恐惧更多来源于对婚姻稳定没有信心，担心婚姻会产生变数，爱情不会长久；同时担心婚后最初的生活，其中包括对新的家庭成员关系的处理和协调，或者因为不会做家务而担心对方挑剔自己。

心 理 指 南 ↓

"婚前恐惧症"所恐惧的就是将来的不幸，其实，这是完全没必要的。试想，不论什么时候结婚，你都要面对那些问题。所以，只要方法得当，婚前恐惧自然就会消失。

1. 降低对婚姻期望值

摆脱对婚姻生活的幻想，不要存在过高的期望，不要认为爱人样样都好，完美无缺，蜜月真的比蜜还甜。应该清楚地认识到，新家庭的诞生，就意味着负担的加重，双方都为家庭尽心尽力，尽自己做妻子的责任。

2. 沟通了解

男女双方需要有充分的了解，能够愉快地进行沟通，这是最重要的婚前心理准备。这项准备若不充分，其他准备再完备也不能保证婚后生活美满幸福，难以弥补心理的损伤，维持夫妻真挚的恩爱。

3. 做好新生活的思想准备

婚前应该想到婚后生活的变化，不只是和爱人生活在一起，还有双方的父母、兄弟、姐妹以及朋友，要学会与他们和睦相处。在婚前乃至婚后一段时间内，应该创造条件去认识和熟悉那些应该认识的人，以免婚后因许多陌生人闯入自己的生活而感到紧张不适，影响夫妻感情。

九、离有"杀伤力"的老男人远一点

嫁个"老男人"的好处是显而易见的。拼此一嫁，一瞬间你似乎什么都有了，金钱、房子、地位、名分……但付出的代价是，你的青春血液却可能会渐渐干涸，甚至后悔无穷。

23岁的时候，盼盼大学毕业，在就业形势如此严峻的今天，再加上她就读的学校并不出名，因此很难找到一份理想的工作。

在一次同学聚会上，同学向她介绍了自己的表哥，一位40出头的企业老板。刚开始见面的时候，那个老板就向盼盼表达了对她的好感。而在盼盼看来，他也并不令人讨厌，幽默的谈吐、成熟的外表、礼貌的举止。

很快，这位老板就向盼盼展开了攻势。首先是利用自己的关系网给盼盼谋到了一份不错的工作；紧接着就是经常约盼盼吃饭、逛商场等，而且一天一束鲜花，让盼盼在感到浪漫的同时，又会制造许多感动。

不久，盼盼就掉进了温柔的陷阱。然而每次盼盼提出结婚的时候，他都是一口回绝。他告诉盼盼说自己非常爱她，但他不能抛弃曾经与他同甘共苦的妻子，更不能让自己的孩子在一个破碎的家庭长大。

现代社会，竞争激烈，优胜劣汰，这一度让很多女孩子感到生活太累，甚至想永远躲在父母的羽翼下。再者，女人天生就不像男人那样有战斗性，她们渴望一个温暖的港湾，倾向于找一个保护伞，安全、舒服地过日子。因此，选择老公的时候，她们也常常把这个作为目标。此时，具有"杀伤力"的老男人就成为她们的最佳人选，因为这些老男人身上具备种种优点。

"老男人"一般都有着丰富的阅历和成功的事业基础。这很容易让刚刚踏进社会的小女孩儿产生崇拜和仰慕心理；"老男人"温柔体贴、宽容大度。在纯情的小女孩面前，很多老男人都会表现出父亲般的关爱，即使你做错了什么，他也不会责怪你，可谓是善解人意；与老男人在一起会有很强的安全感。不管在生活中还是在工作中，他们都能够指导年轻的女孩儿，而且很奏效。

老男人的优点确实很多，一个女孩儿，能跟这样的男人生活在一起是上辈子修来的福，但是当知道对方有了家室以后，善良的女孩一般都不忍心去破坏他的家庭，于是心甘情愿地做他的地下情人，结果无名无分，浪费了青春。现实中，很多女孩儿崇尚的是"最浪漫的事就是和你一起慢慢变老"的爱情，而如果真的嫁了一个大你二十岁的老男人，你能确定他能陪你一起慢慢变老吗？

心 理 指 南 ↓

有人说，找个具有"杀伤力"的老男人简直就像抢银行，收益很大，但后患也很无穷。因此，还是找个年龄相当的伴侣，一起为你们的将来打拼，几十年后，你们会是令人羡慕的一对。所以，面对老男人，女孩子一定要聪明点。

1. 懂得保护自己

很多老男人对年轻女孩子的感情只是出于一时的激情和新鲜的刺激，并不是真正的爱。年轻女孩，一定要懂得保护自己，尽量不要与这些老男人有瓜葛，尤其是不要受他的恩惠。

2. 及时抽身

生活中，如果你不小心爱上了老男人，他又不能给你婚姻，一定要及时抽身，千万不能犹豫。否则，你只能在所谓的爱的漩涡中越陷越深，以至在丧失自己的青春，还不能抓住幸福。当然，抽身时痛苦肯定是有的，但长痛不如短痛。

遭遇婚姻告急，
坦然才会避免伤害

第七章

　　"婚姻是爱情的坟墓"，此话虽然有点言过其实，却也并非全无道理。夫妻在婚后会面临各种考验和困境，彼此的感情可能会与日俱增，也可能会产生裂痕，女人需要用心来避免各种伤害，让爱情之花常开不败。

一、当丈夫遭遇绯闻时

丈夫长期在外打拼，难免会有拈花惹草的绯闻。这个时候，作为妻子你该如何做呢？此时，不论是遭遇绯闻的丈夫，还是你们遭到猛然一击的婚姻，最需要的就是你的信任。

以演《水浒传》中的武松而成名的丁海峰，在影视圈里打拼出了一片属于自己的天地；同时，他又有贤惠的唐歌作为他的妻子。所以说他是事业爱情双丰收，这让很多人羡慕不已。

但自从扮演武松后，丁海峰与扮演"潘金莲"的台湾影星王思懿的绯闻就被闹得沸沸扬扬。这给他和妻子唐歌平添了许多烦恼，他们原本平静的生活也被搅得一片混乱，更将无辜的唐歌推进了是非漩涡当中。

平心而论，多年的相处使唐歌相信丈夫不是一个花心的人，他不会像一些媒体上所说的那样去做，她更相信丈夫是无辜的。但是，面对这突如其来的绯闻攻击，只是一个普通女人的她真的不知道如何应对，如何劝说自己。最终，她以对丈夫的无比信任和他们之间深厚的感情说服了自己，让自己坦然面对这一切。

由《水浒传》引发的风波刚刚平息下来，2000年，丁海峰又接到《蓝色妖姬》剧组的邀请，让他出演主要角色。当他得知女主角的扮演者是王思懿时，为了避嫌，他决定放弃。唐歌知道后反而坚决地劝他，鼓励他出演。令唐歌没有想到的是，这次丁海峰与王思懿的合作却给媒体一个更加疯狂的炒作机会。一些无中生有的绯闻再次将唐歌推向漩涡当中。朋友的劝说，家人对丈夫的指责，记者、影迷们的追问都令唐歌郁闷至极。但是出于对丈夫的信任以及丈夫对自己的爱，她不但没有被谣言打倒，反而坚强地挺了过来，并且与绯闻的另一对象王思懿成了无话不说的好姐妹。

面对有关丈夫的绯闻的打击，唐歌没有退缩，她选择了信任丈夫，信任丈夫的人格、品德和丈夫对她的爱，始终做到与丈夫坚定地站在一起，一起度过了那段风雨飘摇的日子，迎来了幸福的生活。

婚姻犹如人生长河中的一叶小舟，当绯闻的风波骤起时，它可能会有被倾覆的危险，而信任则是防范危险发生的关键。只有彼此信任的夫妻，才能经受住各种风险的考验，例如当面对丈夫有重创力的绯闻时，身为妻子如果能够对他保持信任，做他的坚强后盾，或者勇敢地站出来为他辟谣，则会使你们之间的爱情更加牢固。

在婚姻生活中，信任是钢筋铁骨，只要信任还在，不管是谁想破坏你的家庭都是徒劳的。一个家庭如果没有了信任，就像楼房没有了骨架，面对它的将是坍塌。

信任是生命的感觉，是高尚的情感，更是连接人与人的纽带。美好的婚姻是建立在彼此的尊重、信任与支持之上的，如果缺少信任，婚姻城堡就好像缺少一角。

如果你想维护好你温馨的家，想让你的丈夫更加爱你，想让他一生只爱你一个人，那么你就应该完全地爱他，信任他，用你的真心来换取他的爱心。只有以心换心，完全信任他，才能保持夫妻感情的历久弥新，达到相敬如宾，沟通无限的至高境界。

心 理 指 南 ↓

在家庭生活中，夫妻间的相互信任，是维系双方感情的纽带，更是确保婚姻稳定的重要因素。尤其是在面对有关丈夫的绯闻时，除了对丈夫的信任，你还应该做到如下一些。

1. 当绯闻出现时，不要慌乱，要自信

绯闻的出现会很突然，但是你千万不要慌乱，更不要盲目地去寻找有关丈夫出轨的证据，否则你不仅会引来他人的嘲笑，也会引起丈夫的不满。此时你应自信，从容地去应对，表现出你的大度，这不仅会赢得他人的钦佩，还会让丈夫更倾心于你。

2. 相信你的丈夫，相信你们的感情

夫妻双方需要相互信任、相互尊重，特别是当一方处于危难之时，你应该看清楚的一点就是：你才是他一生的爱人。所以，不管是为了你自己，还是为了整个家，都应该信任他，信任你们之间的感情。

3. 尽量做到视丈夫的绯闻对象为朋友

有时，绯闻的直接受害者除了你们夫妇还有一个人，她受到的伤害绝对不亚于你们，她就是绯闻的另一对象。既然大家都是受害者，那为什么不携起手来共同应对绯闻的攻击呢？你应该视她为你和丈夫的共同朋友，让那些流言飞语不攻自破。

二、当夫妻两地分居时

在现代社会中，因为事业、学业等，夫妻两地分居便成了很普通的事情。此时，要想夫妻感情、家庭幸福不受影响，就需要在空间距离中拉近彼此的心理距离。

"中国歌后"彭丽媛的歌声，还有她永恒不变的光彩照人的身影，都是令人难忘的。但对于她的生活知道的人就少了。

婚后，彭丽媛一直住在北京，而她的丈夫习近平却在福建，夫妻俩一直过着聚少离多的日子。甚至在彭丽媛临产的日子里，习近平也不能陪在她身边。尽管彭丽媛也希望夫妻团圆，但却从不抱怨，总是对丈夫一如既往地理解与支持。她知道自己工作忙，丈夫的工作更忙。想起丈夫说的话她就会有莫大的安慰感。"作为一个女人，你比别人拥有太多：丈夫，孩子，父母，在事业上几乎所有的大奖你都拿过，部队又给了你丰厚的待遇，你还要啥？"

现在，他们结婚二十余年了，回想起那段牛郎织女的日子，彭丽媛没有一点悔意，反而深情地说："夫妻感情的亲近程度不是由地域的远近决定的，只要两人心心相印、互相信赖、互相支持，神奇的具有凝聚力的感情就会击穿地域间的屏障，将两颗挚爱的心连在一起，使分居两地的夫妻感受到爱的甘美。"

古代的牛郎织女，本来可以拥有一段好姻缘，却因家长的反对而被强行拆散，并被迫过起两地分居的生活。这种事情在当今开放的社会应该是很少见了，但是由于事业、学业、户口等各种因素使夫妇天各一方的现象却不少，于是便出现了现代版的牛郎织女。

尽管相爱的夫妻都希望长相厮守，但事实却往往难遂人愿。面对不得已的两地分居，他们虽然相信"距离会产生美"，但是，过大的距离或者长期的分离则会给他们的夫妻感情埋下隐患。一方面，由于见面机会少，他们要忍受相思之苦；另一方面由于长时间缺乏沟通，夫妻间也可能萌生怀疑，产生猜忌。如果这种情况发展下去，夫妻之间的感情将会遭遇危机。

每个女人都不希望看着自己苦心经营的感情瓦解。如何才能使两地分居的夫妻始终美满幸福，就摆在了众多分居女性的面前。

心 理 指 南 ↓

那些和丈夫分居的女人们，如果想像彭丽媛一样和自己的丈夫始终心相印，意相牵，那么，在实际生活中就应该注意以下几点。

1．多一些及时有效的沟通

两个人长时间分开，就可能产生隔阂和误解，这个时候，沟通很重要。可以在工作之余，给丈夫打个电话，讲讲家里最近发生的事情，或者发条短信送去一份祝福，一份安慰。这样就能让他感觉到在异地还有一个时刻关心他的你，从而拉近两个人之间的距离。

2．尽可能多地创造见面的机会

既然症结在两地分居，那么解决的办法就是找机会见面，尤其是在一些特别的日子里，例如，丈夫的生日，结婚纪念日等。这些看似很小的事情也会使远在他乡的丈夫感到家的温暖，感到你对他浓浓的爱。

3．对你们的未来要做好计划

要解决分居带来的问题，最好的办法就是告别分居。首先应该分析你们的分居属于什么类型的，如果一方是暂时在其他地方工作，那么团聚的日子也就指日可待了；如果一方的工作比较稳定具有长期性，那么你就应该考虑能忍受多长的等待与孤独，谁做出让步会对以后的发展更有利。

三、当和丈夫距离越来越大时

和丈夫距离越来越大时，女人要保持自我。因为女人的自我，是魅力的本真，是丈夫欣赏、尊重你的关键所在，更是一个女人独立的突出表现。所以，走进婚姻殿堂的女人们，不管何时都不能失去自我。

著名相声演员姜昆和夫人李静民是一对模范夫妻，他们被媒体称为"事业上的挚友，生活中的伴侣"。其实，他们也是在经过了许多磕磕绊绊才有了今天的幸福生活。为了支持姜昆工作，照顾女儿，小有名气的李静民决定辞职，狠心告别了心爱的舞台，把所有精力都放在了家庭上，整日周旋在柴米油盐之中，对她来说，整个世界好像只剩下孩子和老公了，她和老公的距离越来越大。后来，孩子长大了，姜昆也越来越有名气，李静民开始有了不安的预感，时间一长，矛盾果然出现了。终于有一天，姜昆火了："你眼里除了孩子就是家，成了家庭妇女了。"

这句话让李静民打了一个激灵。思考良久之后，她决定找回自我。她开始到中国音乐学院进修声乐，学习日语，还参加了英语培训班。后来，李静民应聘到一家中外合资企业当办公室主任，而且干得很不错。现在，李静民特别庆幸自己的选择，因为在她找回自我的同时，她的家庭也更稳固了。

女人不管处于什么样的地位，不管在什么时候都应该有自己的目标，有自己的追求。《好女人OK》中有这么一段话："女人不但要帮着男人成熟，而且还要让自己成熟，不能把丈夫的水平降到自己这儿，而是自己要有超越这个男人的魅力，这样两个人才能并驾齐驱。"

一个没有丧失自我的女人就好比是一杯香味纯正的酒，充满着情趣和韵味，弥漫着诗意和浪漫。这样的女人，能与男人互相吸引、互相倾慕，不至于在婚姻生活中发生感情危机。但是，因为受传统思想的影响，现实生活中的很多女人都心甘情愿地做一个"站在男人背后"的女人。为了成就自己的男人，甘愿牺牲自我。这样，她们与丈夫的差距逐渐拉大，结果，丈夫变成了成功的男人，妻子却未必能够得到自己想要的幸福。

所以说，不管在什么情况下，女人都不能失去自我追求，如果一味地把希望寄托在男人身上，就好像是把希望寄托在海市蜃楼上面一样危险。尤其是走进婚姻殿堂的女人，在精心构筑爱巢的同时，千万不能丧失自我。

心 理 指 南 ↓

聪明的女人在生活中一定不失去自我，不会为了家放弃自己的一切。虽然你的家庭会因为你的付出变得和谐，但这都是暂时的。终有一天，思维、观念以及见识上的差距，会将夫妻间豁出一个大口子。女人要保持自我，须做到以下几点。

1. 不要失去工作

心理学家分析，人类最大的快乐是来源于工作成就。婚姻生活中，虽然你的老公能够轻松地支持整个家，但你也不要放弃自己的工作。因为工作会带给你家庭所不能给予你的快乐和满足。

2. 要不断开始新的追求

婚姻生活中，女人应该多温一下少女梦的温馨，或读书学习，或追求事业，或探讨人生哲理，重拾理想和爱好，培养高尚的品格。男人都喜欢新鲜的东西，如此，你们的共同语言就会增多，爱情就会更加牢固。

3. 要懂得爱惜自己

女为悦己者容。婚姻生活中，你可能已经失去了鲜花般的艳丽，但你仍可拥有秋叶般的娴静。尤其是婚后的女人，要更懂得爱惜自己，科学的保养、高雅的打扮不但会延缓岁月的脚步，还会让男人觉得你赏心悦目、秀色可餐。

四、当婚姻遭遇"第三者"时

丈夫出轨、第三者出现，这是很多女人都担心的问题。但如果真的遭遇这种不幸，并且在你尽了很大努力之后仍然不能挽回时，那么，千万不要再死缠烂打，当退则退，当离则离。

夏岚和方宇在谈了5年的恋爱之后才走进了婚姻殿堂。然而，让夏岚和亲友想不到的是，结婚的第三个年头，方宇却移情别恋，爱上了别的女人。消息传来，夏岚怎么都不能相信当初那个与自己花前月下、山盟海誓的男人竟然在结婚不到三年的时间就爱上了别的女人。问及原因，方宇说与她在一起久了，两个人之间就好像是亲情没有了爱情。而那个女人却让方宇找到了真爱。

夏岚哭过、闹过，甚至当方宇提出离婚的时候还选择过自杀，但所有一切都未能挽回方宇离去的心。夏岚万念俱灰。想了很久之后，自问"苦苦哀求一个不爱自己的男人到底能给自己带来什么？"所以，她决定放手。在离婚协议书上签字之后，她感觉到从未有过的轻松。接下来的时间，她把所有精力都投入到了工作中；当工作越做越好的时候，她又一次走进了婚姻的殿堂。如今，她已经有了一个可爱的儿子，生活很幸福。

婚外情，已经成为这个社会的时代病。它像一瓣没有香气的罂粟花，伸展着妩媚的枝叶肆无忌惮地招摇，蔓延的触角在你周围缭绕，撞击着每一个处在婚姻中男女的心扉。而第三者，就仿佛是命运的一把冷箭，说不准茫茫人海里的谁和谁、说不准什么时候，我们的两性关系就会中了这支冷箭。

现实生活中有这样的情况：同样是妻子发现出现了"第三者"，由于处理方法不同，后果也不同。一种是得知丈夫有外遇后，哭天嚎地，不但在家，还到丈夫单位大吵大闹，弄得丈夫十分难堪。本来有愧疚之意，也欲悔改的丈夫，看到妻子不顾惜他的"面子"，结果也就破罐子破摔，下定狠心斩断最后一缕情丝。另一类妻子听到"第三者"出现后，能够克制自己的冲动。一方面理智地与丈夫叙谈恋爱时的甜蜜情境，唤起他对美满生活的追忆；另一方面让孩子多亲近爸爸，强化父亲与子女的骨肉之情。同时，在生活上对丈夫更加关心，使他感受到妻子的温暖，认识到妻子的宽宏大度，迷途知返、改邪归正。

如果丈夫真的已经不再爱你，如果他找到了自己的真爱，这个时候，即使你使出浑身解数恐怕也不会令其回头。那么，这个时候选择及时撤退反而会找到新的幸福。

心 理 指 南 ↓

爱情是两个人之间的事情，如果有一天，丈夫真的不再爱你，放手是最好的方法。当然，在婚外情的问题上，很多男人只是一时选错了路，他们只是为了追求新鲜和刺激，追求所谓的时髦。这个时候，身为妻子，要聪明地引导丈夫迷途知返。然而，如果丈夫真的移情别恋，已经不再爱你了，就与他挥挥手，说"再见"吧！

1．认清自己到底需要什么

丈夫有了外遇，这是所有女人都难以接受的事情。然而，当你想方设法还是不能让他回头的时候，就应该好好考虑一下自己到底需要的是什么？这个已经不爱你的男人又能够给你带来什么？深思之后，你可能会选择放弃。

2．退一步海阔天空

苦苦纠缠一个已经不爱你的男人，是没有任何意义的，因为他带给你的只有伤心。与其如此，不如退一步，给自己重新寻找幸福的机会。婚姻的道路上，万不得已时懂得放手是明智之举。

五、当婚姻遭遇家庭暴力时

婚姻生活中，有很多女人遭遇过家庭暴力。试问，当家庭暴力向你袭来时，你准备如何保护自己？是逃避拯救自我，还是报复对方？

河南女孩儿丽玲28岁时，在武汉认识了四川小伙子陈帅，两人一见钟情，很快确定了恋爱关系。4个月后，他们结了婚。但是两年后他们却离婚了。

"结婚前，他的父母就提醒我，说陈帅的脾气不好，我还满不在乎。果然结婚才十三天，我的噩梦就开始了。那天半夜，陈帅突然把我推醒，说我裹了铺盖，冷着他了，接着就动手打我，咬我。我不敢还手，又不敢声张，结果他把我满身抓咬得稀烂。第二天我要回我父亲那边去，他怕我父亲看到脖子上的伤，特地买了件高领毛衣要我穿。出于面子，我照办了，也没向家里人讲他打我的事。"

"从那以后，他经常为一些琐事打我，抓得我浑身没一处好地方。我心想自己在这儿人生地不熟，一个亲戚朋友都没有，如果还了手肯定没我的好日子过，就一直不敢还手，每次挨了打就穿高领T恤遮丑。"

丽玲承认自己的性格非常懦弱，每次挨打除了以泪洗面不知道该怎么办。就这样，丽玲忍着，直到结婚两年后的一天，她终于忍无可忍，选择了离婚。

很多人以为步入婚姻就可以过上王子、公主般的生活。但千年修得共枕眠的那个人一夜之间就变成一个青面獠牙的怪人，昔日的温存顷刻间化为乌有，冷嘲热讽代替了甜言蜜语，拳打脚踢代替了贴心呵护，家庭暴力由此出现。

由于"嫁鸡随鸡、嫁狗随狗"的观念在很多女性的思想意识里依旧是根深蒂固，面对丈夫的施暴，她们大都会选择忍受。一方面是为了孩子能有一个完整的家庭，另一方面，她们相信自己的忍受能够唤醒丈夫的良知。殊不知，男人正是抓住她们的这种心理，变本加厉地对其虐待和施暴。所以，面对家庭暴力，女人一定要敢于说"不"。

心 理 指 南 ↓

面对家庭暴力，女性不应该一味地忍受，应该站出来对丈夫的行为勇敢地说"不"。实在制止不了，就应该考虑离开，否则受伤害的不仅仅是身体，还会有心灵。

1. 要敢于对外界"诉说"

你要利用不同的机会尝试向外人如亲戚朋友、同事等寻求帮助，讨论家庭暴力的问题，得到他们的支持。受害者一般不愿意或不敢向外人诉说。施暴者正好利用了受害者的软弱心理，致使家庭暴力不断升级。

2. 要向施暴者据理力争

在我国，家庭暴力是不允许的，国家保护妇女的生存、自由和人身安全权力。如果施暴者置之不理，你可以要求社会救助机构或法律部门进行干预，只要你处理得当，家庭暴力是可以被制止的。

3. 要注意保护自己

当你遭受家庭暴力时，头脑一定要冷静，要注意保护自己，并尽可能大声呼救，请家人、邻居帮忙。日后你的家人和邻居都可能成为重要的证人。

六、当婚姻遭遇"七年之痒"时

双方在一起时间久了，新鲜感便会消失，摩擦、争吵便时隐时现。这就是所谓的"七年之痒"。女人一定要相信，这时，只要是真爱，跨过这个坎，你们的幸福生活就能进行到底，如果不爱了，那就选择转身吧！

李奇和晓雨相识在1997年的情人节。在经历了相知和相恋，又一同顶住了来自双方家长的压力后，终于在1999年的年底，走进了婚姻的殿堂。但不到一年，新的压力就像阴云一样笼罩在这个小家庭之上。

李奇家在农村，父母重男轻女，要求他们一定要生出孙子。这给了晓雨很大的压力。幸运的是，晓雨在婚后的第二年生了个男孩，这让所有的人都很高兴。然而晓雨却怎么也高兴不起来。由于体质弱宝宝经常生病，李奇说是晓雨没有把孩子带好，可是晓雨解释说，她在家是独生女，根本不知道怎样照顾别人，现在已经很努力了。但是李奇却打了她，也第一次提出了离婚。之后，他们便大小吵不断。感情也在争吵打骂声中越来越淡。

今年的农历七月七，他们协议离婚，在民政局办完手续出来后，李奇说了句："难忘的情人节！"晓雨一时不知道说什么好，但是她知道，既然婚姻已经维持不下去了，不如转身选择别的出路。

许多婚后的男女，感觉婚后的生活没有了恋爱时的激情，没有了浪漫，没有了冲动，也不再用心感受彼此的心情。于是，"围城"里的许多人，有了出城的欲望与行动。

的确如此，结婚久了，新鲜感就消失，恋爱时的浪漫与激情会逐渐被一些琐碎的事情所代替，而当初那个完美的恋人，也逐渐暴露出缺点。于是就开始有了不断的摩擦、争吵，甚至是厌倦、失望。另外，孩子出生之后，初为人母的妻子会把大部分精力分给孩子，而不再像以前那样对丈夫倾注全部的爱，也不再注意自己的形象和装扮，而此时"围城"外的灯红酒绿、缤纷美景却使丈夫那颗不安分的心蠢蠢欲动，于是，"七年之痒"就出现了。

婚姻到了一定阶段，就可能出现各种问题，只是"第七年"是婚姻触礁的多发时间。所以，婚姻中的男女一定要懂得用自己的智慧去摆脱婚姻的"七年之痒"，营造美满的婚姻。

心 理 指 南 ↓

聪明的女人懂得，当彼此之间没有了真爱，跨不过婚姻的"七年之痒"这个门槛时，她们就选择转身，另寻他路。同时，她们也懂得，如果彼此之间还有爱，懂得运用智慧，就一定能将婚姻进行到底。

1. 不要为了孩子忽视丈夫

很多女人有了孩子，就把全部精力放在孩子身上而忽略了丈夫。应该发自内心地为丈夫做些什么，哪怕是很小的事情，一个拥抱，一个笑容，一个亲吻，都会让丈夫体会到你的温情，挽回他那颗不安分的心。

2. 留一点空间给自己

俗话说，小别胜新婚，距离产生美。适度地分离也许更添思念，何况现实生活中，有许多婚姻正是在束缚与反束缚中走向灭亡，所以，聪明的女人应该先给自己留有空间，在婚外保持正常的事业、朋友圈子。

3. 创造浪漫和激情

婚姻出现"七年之痒"的关键在于人的厌倦心理。所以，你应该不断地给婚姻里注入新鲜血液，时常为平淡的生活多创造一些浪漫和激情。例如在结婚纪念日赠送小礼物，或共进晚餐，这能传递惠心，表达爱意。

七、当面对婚姻破裂的结局时

> 两人结婚时，穿着漂亮的礼服、婚纱，踩着红地毯，在一片祝福声中，谁会想日后会离婚呀？他们都希望自己能与爱人天长地久，白头到老。可是，当双方苦心经营的婚姻终将走向破裂时，应该怎么办呢？

淑雅和丈夫结婚十年了，他们活泼可爱的女儿也已经上小学了。在大家的眼里，他们是夫唱妇随，琴瑟和谐的模范夫妻。

走过了"七年之痒"，他们的婚姻虽然很平淡，没有了以前的激情，但淑雅感觉平平淡淡才是真。可是，在最近一次很小的争执中，淑雅的丈夫竟然提到了离婚，这让淑雅大吃一惊，这完全出乎她的意料。问及原因，丈夫说对这种平淡的生活"烦透了"，对淑雅也没有了感觉。

原来，淑雅很像个孩子，不管是工作还是生活，总喜欢依赖丈夫，这让淑雅的丈夫感觉很累，甚至不堪重负。其实，淑雅很爱自己的丈夫，但是生活了十年，她竟然不知道丈夫最喜欢吃什么菜，也从来没有为他买过礼物，包括生日、结婚纪念日。更让丈夫不可思议的是，她每天还撒娇似的挑老公的毛病。久而久之，丈夫沉默了，如果不是这次争执，她甚至都没意识到。虽然从某种意义上来说，两个人都没有做错什么，但是他们的婚姻却走到了尽头。

结婚是人生中的一件大事。然而，随着社会的发展和时代的变迁，人们的婚姻观念也在不断地变化，尤其是现在，产生婚姻厌烦也很正常，离婚现象已经不足为奇了。结婚以后，衣食住行、生儿育女等家庭琐事便会随之而来，在平淡而烦琐的家庭生活中，在丈夫的眼里，妻子再也不是那个体贴入微、温柔多情的小妹妹了。而在妻子的眼里，丈夫也不再是那个百依百顺、总献殷勤的大哥哥了。恋人间浪漫的爱情故事，被实际的生活代替，久而久之，夫妻之间便产生了冷漠，所以很容易走进婚姻情感的误区，结果走向离婚。

离婚对人的打击，可以算是一次巨大的震荡。离婚者就像太需要被呵护的孩子，太多的压力和伤痛已经让他们不能理智、清醒地思考问题，成为心理上需要被呵护的对象。当然，离婚固然不是每个人想看到的结果，但是一旦走到这一步，就不必再停留在创痛之中，否则，受伤的就是自己。因此，要冷静面对现实，逐步度过离婚后的心理危机期，勇敢地翻开生活崭新的一页。

心理指南 ↓

沉船对航海者来说是灾难，离婚意味着家庭航船的沉没，它给夫妻双方，尤其是女性带来的心理创伤与后遗症是难以估量的。离婚女性应该从过去的痛苦中走出来，还给自己一个健康的人生。

1. 让时间来医治创伤

时间是最好的医生。尤其是情感问题，时间往往能愈合创伤。强烈的爱或恨随着时间的流逝而慢慢退色，一切的痛苦会逐渐变淡、消解。

2. 缘分已尽，顺其自然

告诉自己：既然缘分已尽，就不必强求。强扭的瓜不甜，是自己的永远是自己的，不是自己的留也留不住。双方因不可调和的矛盾而分手，那便是最好的终结。在这个世上，总有一个真正属于自己的幸福归宿。再想想暂时的独身也有好处，可以有更大的空间、更多的时间去做自己想做的事。

3. 时机成熟，情感取代

所谓情感取代，是指重打锣鼓，另起炉灶，觅偶再婚，消除孤寂，恢复和保持心理平衡。由于有第一次婚变的经历，女人会更慎重和珍惜幸福，能很好地处理感情、生活等各方面的问题，识别自己情感上的盲点，懂得对情感多做一些细致经营。因此，如果有合适的机会，就不要错过。

八、需要重入围城时

离婚成为时尚，再婚也被提上了日程，事实证明，再婚者的婚姻更容易破碎。结婚，离婚，再婚，再离，又再婚。那么，爱情历经桑田沧海之后，生性柔弱的女人是否还有勇气再去爱呢？

今年44岁的严晓曾这样讲述她不想再婚的原因："其实，谁不希望有个完整的家啊？而过去的婚姻却像是一场噩梦，尤其是第二次婚姻，丈夫是个十足的虐待狂，让我感觉自己掉进了一个深渊之中。辛亏有儿子支撑着我走下去……儿子上初中的时候，我的第一个丈夫认识了一个小他9岁的女人，从此家也不回，不论我如何挽救，但都无效。儿子给他写信他也置之不理，儿子很失望，偷偷在家里吃了安眠药，在医院抢救时，他居然来都不来，我对他也彻底死了心。儿子还没出院，我们就办了离婚手续。而我的第二段婚姻仅仅维持了两个月，那时儿子刚上高中并且住校，在别人的介绍下我们结婚了，可没有想到，他竟是一个虐待狂，那段日子我生不如死。"

"如今，母亲和儿子劝我再找个合适的人，但我不想了。我把所有的心思都倾注在儿子身上，日子过得倒也安静。虽然有时感觉生活冷清，可总比受伤好。也没有人能给我保证说再婚会很幸福。我很佩服那些人'离婚，再婚，再离，又再婚'的勇气，我现在已经习惯了独来独往。"

离婚者在摆脱了不幸婚姻的束缚之后，确实获得了自由。然而不久，孤独和寂寞就会袭来。但鉴于前次婚变的教训，不少离婚者对再婚存有种种疑虑、担心和偏见，对所有异性采取一概怀疑和否定的态度，永远生活在上次不幸婚姻的阴影里不能自拔。有些离异者鉴于前次婚变的教训，再婚时更加小心谨慎，宁缺毋滥，因此，不敢再轻易闯进"围城"，怕引火烧身。还有些离婚者之所以不敢轻易动再婚的念头，主要是过分考虑了再婚对孩子的影响，以及孩子对自己再婚的反对态度等。

　　总之，对再婚的偏见，对孩子的过多考虑，使离婚者不敢轻易跨出再婚的一步，不敢试着接受另一个他。其实，若能把自己的处境或顾虑毫不隐瞒地告诉现在的恋人，不仅能促进双方的了解，还可避免日后夫妻生活出现波折，从而共同营造一个幸福美满的家。只要夫妻双方按照"长相知，不相疑"的原则来协调彼此的关系，那么就是再婚，也能"琴瑟和鸣"。

心 理 指 南 ↓

　　再婚后出现一些心理问题，引起心理冲突，这是正常现象，再婚者不必为此背上沉重的包袱，而应以积极的心态去寻求调适方法，尽可能地减轻乃至消除再婚后的各种心理障碍。

1. 消除错误认知，重新建立自信

　　再婚者自卑心理的产生，主要是由于本人受世俗偏见的影响。要想克服再婚后的自卑心理，重新建立自信，首先要消除自己在这方面的错误认识，坚信自己的选择是正确的，勇敢地去爱自己所爱的人。

2. 对再婚生活的期望值不宜过高

　　一般认为，再婚家庭比初婚家庭有更多的隐患，因此，再婚者不要对再婚抱有过高的期望。再婚配偶之间要互相理解、坦诚相见，在建立和谐再婚家庭生活的艰巨性和长期性方面达成共识。

3. 摆正子女在自己生活中的位置

　　俗话说，满堂子女不如半路夫妻。在择偶再婚时，适当考虑子女对自己再婚的态度以及再婚给子女带来的影响是必要的，但不要让孩子支配自己的生活。只要再婚不会对自己的子女造成不良影响，就没有必要对子女产生负疚心理。

处世要有心计，
智慧帮你度过难关

第八章

在现代社会，女性越来越多地参与社会活动，虽然她们中的一些人在能力上有自身的不足，但同时也有很多优势，如果善于运用心理技巧，巧妙地化解难题，赢得喝彩。

一、保持自己的本色

卡耐基有句名言：要想生活快乐，最重要的就是保持自己的本色。作为女人，一定要懂得丢掉虚伪的包袱，放弃盲目的模仿，用本色、真诚的心与人交往，才能获得幸福和快乐，走向真实、美好的人生。

有一位公共汽车驾驶员的女儿，经历过很多挫折之后才学到了这个教训。她嗓音很好，从小就有唱歌的天分，当歌星是她一直以来的梦想。但不幸的是，她长得不好看，用她自己的话讲就是"实在对不起观众"。因为她的嘴巴太大，还长着暴牙。

她第一次公开演唱，是在新泽西的一家夜总会里。那次演唱的时候，她一直想用上唇遮住牙齿，她认为这样能够让自己看起来优雅一些。结果，舞台上的她扭扭捏捏，把自己弄得四不像。那次演唱会最后以失败告终。她也知道，如果一直这样下去，注定会永无出头之日。

幸运的是，演唱会那个晚上，有一位男士一直在很用心地听她唱歌，认为她很有音乐天分。于是很直率地对她说："小姐，我看了你的表演，我认为你很有歌唱的天分。但我不明白你总想掩饰什么？是不是你觉得自己的牙齿很难看？"

女孩儿听了很不好意思，不过那个男人还是继续说下去："长暴牙怎么了，又不犯法。建议你别太在意，你越是在意，就越想去掩饰它，歌就会越唱不好。而当你不在意时，反而会受到听众的青睐，说不定你的暴牙会给你带来财富呢！所以不要再去掩饰你的暴牙吧！"

女孩儿接受了她的建议。从此以后，每次上台她都把暴牙的事情抛在脑后，尽情歌唱，把注意力全部集中在观众身上。她就是后来著名的歌星凯丝·达莱。后来，很多人都模仿她。

每个人都是一道独一无二的风景，只有保持自己的本色，才能看清自己。而你就是你，无须按照别人的标准来评判甚至约束自己。保持自己的本色才是最重要的。

在这个世界，你应给为自己是独特的个体而高兴，不必为讨好他人而刻意改变自己，尽力成就真实的自我，用你的真心赢得他人的坦诚。成功者，不外乎就是保持了自己的本色，并把它发挥得淋漓尽致。

爱默生说："羡慕就是无知，模仿就是自杀。"不论好坏，你必须保持本色。如果你不能成为一棵大树，就做一丛灌木；如果你不能成为一丛灌木，那就做一棵小草吧！你要记住，我就是我，不是别人，只要你保持了自己的本色，生命同样绚丽多彩。

上天赋予你的能力是独一无二的，只有当你自己努力尝试并运用时，才知道这份能力到底是什么。成功不在于大，只在于你已竭尽所能。想要平安快乐，切勿模仿他人，最重要的是要发现自己，保持自己本色。

但现代社会里，接受了现代文明的女人，总是在戴着面具生活。早上起床后，涂脂抹粉掩盖自己的真实年龄；人际交往中，又时时挂上一张虚伪的笑脸；有时明明伤心，仍要装着笑脸；明明想爱，却驻足不前；明明不愿意做，却为了迎合别人的意愿而牺牲了自己的意志；明明满心愤怒，却仍要装出心如止水。她们在不知不觉中就失去了最真实的自己……

心 理 指 南 ↓

作为女人，无论在什么条件下都要做最真实的自己，不要因虚伪的迷雾丧失了自己人生的航向。多一份真诚，少一些虚伪，多一点本色，少一点做作，你可能就会多一些快乐，少一点烦恼。

1. 自信是前提

自信的女人是能够保持自己本色的，因为她们相信自己的很多方面都是好的，优秀的，值得保持并值得她人学习的，自信是保持本色的前提。

2. 不丧失自己的原则

不管在什么情况下，不管做什么事情，也不管与什么样的人在一起，聪明的女人都懂得坚持自己的原则。这是保持自己本色的关键。一旦放弃个人坚持的原则，自我本色也就会随着消失。

3. 不盲目模仿别人

这点尤其表现在一些爱美的女性身上。这些女性为了追求美，一味地模仿他人的装扮。但每个人都有每个人的特色，适合他人的不一定适合自己。要想得到他人的认可，聪明的女人最需要做的不是和他人一样，而是保持自己的个性。

二、多个朋友多条路

朋友是不可缺的。如果没有友情，生活中将缺少一个美妙的声音。在没有友情的那些可怜的人中，苦闷是不言而喻的，心灵就如同一片荒漠；只有经过友谊的滋润，荒漠才会变成绿洲，生活才会更有希望。

曾任美国国务卿的康朵莉莎·赖斯是一位杰出的女性，她能取得如此高地位的重要原因是她与布什一家建立了非常深厚的友谊。周末时，她是布什家的常客，他们除了谈论政治，还会一起去看电影、逛公园。另外，赖斯和布什一家都是体育迷。

赖斯和布什既是生活中亲切的朋友，又是事业上的好伙伴。布什出外访问时，赖斯会首先向外公布布什的外交政策，并对出访意义进行演讲。在整个访问的过程中，赖斯全程陪伴总统，随时了解进展，及时向布什提供他所需要的材料。作为朋友，当布什的对外政策受到来自国内外多方面的压力时，当布什需要支持时，赖斯总是坚定地站在他的一方，不遗余力地支持他。正因为如此，赖斯赢得了布什的尊重和支持，在一些重大的外交问题上，布什很注重听取她的意见，使她在政治上获得了巨大的成功。

什么是朋友，朋友就是在你失意的时候，能够伸出手扶你一把的人；朋友是难得的财富，是缘分。生活中，朋友会给你最无私的帮助，认识一位智慧的朋友，远强于结交一个有钱人。

"朋友多了路好走"。多一个朋友，路就会多一条。因为在你困难的时候，朋友会给你支援和力量；在你寂寞的时候，朋友会给你体贴和宽慰；在你犯错误的时候，朋友会给你棒喝与劝告。事业的成就，家庭的幸福总能够找到朋友的影子，是他们的指点，是他们的鼎助，才使你更快地走向幸福和成功。

正如马克思所言："人的生活离不开友谊，但要得到真正的友谊却是不容易的；友谊总需要忠诚去播种，用热情去灌溉，用原则去培养，用谅解去护理。"所以，聪明的女人一定要记住，友谊是重要的。

心 理 指 南 ↓

朋友在哪里？这个问题让很多女性迷茫。这些女人会羡慕那些长袖善舞、活泼外向的女人，认为她们似乎天生就有交朋友的才华，永远不会寂寞。但心理学家研究发现，交友广泛的人并不都是天生善于交际的，很多知交满天下的人在经营友情时都下了一番工夫。

1．结交朋友以真诚为基础

结交朋友要真诚。你应该看重的是你们之间共同的志趣等，而不是对方的外貌美丑、家庭贫富、地位高低等。势利小人、伪君子之所以没有知交，就是因为他们总是带着功利目的与人交往。

2．对待朋友要言必行，行必果

答应朋友的事情，不管需要付出什么代价，都一定要兑现；如果确实有困难，不能够实现，一定要提前告诉对方，向朋友解释清楚。这是朋友交往必循的原则。

3．与朋友同甘共苦、患难与共

在朋友遭遇困境时，就要尽全力给以帮助。你怎样对待朋友，朋友在以后里也会怎样对待你。

三、提前放贷人情债

体贴和关怀总是在默默地"润物细无声"，但别人会因此而牢记在怀，对你心存感激，将来会"泉涌相报"。所以，聪明的女人不妨提前放贷人情债。

日本经济大恐慌期间，有许多中小企业都受到严重影响，面临着破产的命运。有一家酱菜店，老板娘虽然勉强经营，但她很不甘心，心想："努力了大半辈子，不能就这么放弃。"于是，她拼命研究如何让日益挑剔的客人们愿意继续照顾她的生意，终于想到一个绝妙的方法。老板娘跑到苹果的产地，订购了一批苹果，并在尚未成熟的苹果上贴了一标签，等苹果成熟时撕下标签纸，苹果上便会留下一片空白，老板便在这个空白处发挥创意。

每次她都会从客户名单中挑出200名客人，把他们的名字写在透明的标签纸上，贴在苹果的空白处，然后随货品一起送给客人。客户收到这些苹果时，都充满惊奇与感动。他们没有想到老板娘竟如此用心。当周边的酱菜店纷纷倒闭时，这家酱菜店的销售量却大增，每天都顾客盈门，供不应求。

酱菜店老板娘的这个小"心计"，花费不多，但是当客人接到这份礼物时，却觉得这个小小的苹果所承载的情感比一箱酱菜还有价值。俗话说得好，"平时多烧香，急时有人帮""晴天留人情，雨天好借伞"。真正聪明的女人都有长远的战略眼光，早做准备，未雨绸缪，这样在急需时就会得到帮助。有的人人际交往急功近利，以为"钓到的鱼不用再喂食"。

结交朋友不可急功近利：友情投资宜走长线。只要在工作中、生意上、交际中多给别人一分理解，一分关爱，何愁没有知心的朋友，没有帮你的"贵人"呢？这就体现了做人的互助原理：你在关键时候帮人一把，别人也会在重要时刻助你一臂！任何人都不可能独闯天下，你要大展鸿图，就离不开与各种各样的人打交道。要想让别人将来帮助你，你就必须先付出精力关心别人、感动别人，这样才能赢得别人回报。因此，聪明的女人懂得，人际交往时，一定要提前放贷人情债。

心 理 指 南 ↓

在与人交往时，要多为别人想一些，多为将来想一些，不要带功利目的。你帮了别人一个小忙，别人也会因此而记住你，对你心存感激。在你困难的时候，他们就会"涌泉相报"。所以，在平常生活中你就应注意如下事情。

1. 随时表现出你是个大方、积极乐观的人

当你站在高处看过去时会发现，在你顺利和失意时可能遇到的是同样一批人。那些在你顺利时受到过你帮助的人，在你需要帮助的时候，也会伸出援手。

2. 恩惠不论大小，都要表示感谢

对那些帮助你或试图帮你的人，不仅要立即说谢谢，更要保持联络，让他们知道由于他们的引导导致你的进步情况。让他知道当初施恩于人如今已广结善果，要以满足感来回报那些帮助你的人。

3. 聪明地选择可以信任的人

不要宣扬你对别人的负面评价，你永远不知道会不会传进当事人的耳朵。除非不说不痛快，否则尽量埋在心里。即使要说，最多也是跟配偶和知己说。

四、凡事不必太较真

做人做事认真，这是值得嘉奖的。但如过分认真，不但会影响人际关系，还会增加心理负担。因此，该糊涂的时候不妨糊涂一些，不要斤斤计较，过分认真。

师徒二人东游，感觉腹中饥饿，师傅就对徒弟说："前面有一家饭馆，你去讨点饭来。"徒弟于是来到了饭馆，说明来意。那饭馆的主人说："想要饭吃可以，但是我有个要求。"徒弟问道："什么要求？"主人说："我写一字，你若认识，我就请你们师徒吃饭，若不认识就乱棍打出。"徒弟笑道："我跟从师傅多年，不要说一个字，就是一篇文章也没问题。"主人也笑道："先别夸口，认完再说。"说完拿笔写了一个"真"字。徒弟看后哈哈大笑："主人家，你看我太无才了。"主人笑问："这是什么字？"徒弟回答说："这是认真的'真'字！"店主冷笑一声："哼，无知之徒竟口出狂言，来人，乱棍打出。"

徒弟就这样被赶出来，见到师傅说了经过。师傅微微一笑："看来非要为师前去不可。"说罢来到店前，讲明来意。那店主同样写下"真"字。师傅答曰："此字念'直八'。"那店主笑道："果然是大师，请！"徒弟不懂，问："师傅，您不是教我们那字念'真'吗？什么时候变成'直八'了？"师傅微微一笑："有时是认不得'真'的。"

人活于世，有多少欲求，便有多少烦恼。无欲无求，也就无烦无恼了。所以生活中凡事不要太较真，能过就过，别人怎么做不要管，管好自己就好。人生福祸相依，变化无常，凡事不要斤斤计较。一个人年事渐长，阅历渐广，涵养渐深，对争执看得淡些，顺其自然就好。如果少年就能如此，那就可称得上少年老成了。

作为夫妻，食的是人间烟火，不可能完美无缺，所以，双方都要宽容对方的缺点，只要不是原则问题，就不要求全责备，该糊涂时就糊涂，该和稀泥就和稀泥。对方无意间带给你的小伤害或不悦，不要放在心上，过去的就让它过去吧。

人际交往中，与其去为那些芝麻绿豆大的事件发生口舌大战，还不如用沉默去应对，自己落个清静不说，还能省去不少精力和时间。

心 理 指 南 ↓

凡事不必太较真，由于人是相互作用的，你表现出一分敌意，他有可能还以二分，然后你则递增为三分，他又会还回来六分……冤冤相报何时了？倒不如一笑置之，淡然处之，走自己的路，管他别人怎么说呢！

1. 对不合理要求，不妨冷漠置之

对不合理的要求，不妨冷漠些。这类人分两种：一种是明知不合理，欺你软弱，你给他一寸，他就要求一尺；另外一种是没有自知之明者，这种人，你冷漠些，他就会仔细考虑自己的要求是否恰当。

2. 对闲言碎语，不妨当做耳边风

对于一些年轻女性来讲，她们对工作和人际交往都充满了热情，这种热情在赢得他人好感的同时，也会招来闲话。对这些闲话不妨当做耳边风，而不与他们计较。

3. 对那些傲视人者，不妨冷淡些

大多数人，你对他热情，他也对你热情，你对他笑脸相迎，他也会对你满面春风。也有些人，你主动与之交往，他却摆架子，对这种人不妨冷淡些。

五、巧用温柔克刚强

温柔的女人具备特殊的魅力，像绵绵春雨，润物细无声，给人温馨的感觉，令人心旷神怡、回味无穷。且这种魅力不会随时间的推移而消失，它具有持久的生命力。

列依王国是古代阿拉伯世界的一个小国，王后斯苔善良、纯洁、贤惠，因为丈夫早逝，儿子幼小而代政。儿子长大后，却是忤逆不孝，不能称职，王后不得不继续代政。后来，强大的玛赫穆德苏丹，派了一位使者向斯苔转达说："你必须对我山呼万岁，在钱币上印铸我的肖像，对我称臣纳贡。否则，我将率军攻占列依，把你消灭。"使者还递交了一封信——战争的最后通牒。

无奈之下，王后亲自约见苏丹为列依王国争取和平的机会。苏丹早就倾慕王后的美貌与风仪，故意将宴会的地点选在了国王的寝宫，不准王后带一个随从。在华丽的苏丹床榻边，盛装高贵的王后用温和、不卑不亢的语气对苏丹说："尊敬的玛赫穆德苏丹，我的丈夫法赫尔谢世归天，由我代执政，我思忖：玛赫穆德陛下十分英明睿智，绝不会用倾国之力去征讨一个寡妇的。假如您要来的话，我决不会临阵脱逃，而将挺胸迎战。假若我把您战胜，我将向世界宣告：我打败了曾制服过成百个国王的苏丹。而若您取得了胜利，人们会说：'不过击败了一个女人而已。'"强横的苏丹听到王后的这席话，彻底放下了手中的屠刀，在王后执政期间，一直未对列依王国兴师动武。

上述故事中，王后之所以能够战胜对手，其高明之处就是很好地考虑了自己的性别角色，向强大的敌人展示了女性温柔中坚强的一面。她的温柔反而令对手恐惧，以致选择放弃对她动武的企图。温柔就具有这样强大的力量，它可以不动一兵一卒而击退千军万马。

有时,女性的温柔就像一场悄无声息的春雨,让干枯的心灵、紧张的生活在瞬间得到滋润。所以说,女性的温柔静水流深,是一种境界。温柔是从女性的骨子里散发出来的一种独特的气质,是母性与女性的综合体,从语言到神态,从服饰到情愫。温柔的女性玲珑剔透、知冷知热、知轻知重、善解人意。温柔不是软弱,温柔是宽容、是热情,是理解,不可模仿,也无法速成。

人们之所以常把女人比喻为水,就是因为女人的温柔就好似水的温柔。水是温柔的东西,但却可以穿透坚硬的岩石,以柔克刚指的就是这个道理。

心 理 指 南 ↓

人际交往中,女人一定不要小看自己的温柔,如果能将自己的温柔巧妙利用,不仅可以博得男士的怜香惜玉,还可以博得对手的同情或敬仰。生活中,越是成功的女人,越会恰到好处地运用"温柔"来应对强手。

1. 适当表现自己柔弱的一面

人际交往中,尤其是和男性交往时,女人应该适当表现出自己温柔的一面。太过要强的女人会给男性带来很大的压力,会少很多女人味。相反,对于男性来讲,女性的诱人之处,正在于似水的柔情。

2. 温柔但不懦弱

女性应该认清,温柔绝不等于懦弱,应该敢做敢言,诚实地表达自己的思想和感情。如果你用委婉的语气去表达自己坚定的立场,又不损害他人的自尊和彼此的感情,那你就会成为受欢迎、受尊重的温柔女性。

3. 在言语上下工夫

女性的温柔很多时候都体现在言语上,如果你具有天生的燕语莺声是最好的,把话说得婉转舒缓,让人听了就是一种享受。如果你天生大嗓门,那一定要注意降低声音,放缓语速,说话清晰。

六、眼泪是很有效的武器

示弱，是经营人生的一种智慧，却往往被要强的女人丢弃。很多时候，她们宁可家庭破碎，也不愿向爱人低头；或者甘愿拼个你死我活，也不肯示弱一点。其实，必要的时候稍稍示弱，然后拿出你的眼泪，问题就可能解决。

杨霞最近遇到很多麻烦。自己主管的部门最近招聘了很多新员工，这些新员工虽有积极性，却不知道该如何以最佳的状态投入工作。有一次，公司召开全体员工会议，在会上，杨霞所领导的部门再次被点名批评。这已经不是第一次了，以往杨霞都是选择沉默，但杨霞这次决定不再沉默。

杨霞首先向在座的领导陈述了自己所在的部门遇到的各种困难，强调了自己部门所取得的成绩和进步。最后，她哽咽着说："在我的团队里，每个队员都在努力做好，我恳请大家给我们一点时间……"她的话还没有说完，向来严厉的领导以及对自己不够友善的同事无不动容，尤其是自己的下属，眼圈都红了。后来的一段日子里，老板不再批评她的部门，更重要的是她的下属更努力工作。

读了这个故事的人应该明白，关键时刻，是杨霞将要溢出的眼泪使她避免了领导的批评，也获得了同事的理解；更重要的是，她的下属在领略了她的眼泪之后，都更努力工作。这就是眼泪的魅力所在。

通过流泪这种方式，恰如其分地"示弱"不是一件坏事，毕竟，我们所生存的环境是一个巨大的网络社会，过分好强会给他人造成一种强势的压力。而工作往往需要合作，需要彼此的协助和帮助。适时示弱，接受帮助，不是一种软弱的表现，也不代表人格的屈辱，反而会让你顺利前行。同时，眼泪也是人际关系的一种润滑剂。

在《红楼梦》里贾宝玉说"女人是水做的"。在多数人的意识里，女人应该有水样的温柔，水样的情怀，水样的眼睛……不过，眼泪不是什么时候都要流的，聪明的女人懂得什么时候该吝惜自己的眼泪，什么时候该让自己的眼泪流淌。她们懂得，必要时，眼泪是最有效的武器，它能使自己避免被批评，也能得到他人理解，使自己达到预想的目的。正确而及时地利用眼泪，不但是一个女人的聪明，更是一个女人的魅力。

心 理 指 南 ↓

无论悲伤垂泪，还是喜极而泣，流眼泪对人体都有好处。它是呼吸系统、神经系统的共同运动，这种运动会使情绪和肌肉放松，使人轻松。你遇到了实在无法解决的难题时，不要过于控制自己，承受不了的时候就大哭一场。但要把握住度，因为哭得太久会损伤记忆力，降低注意力和免疫力。那么，女人到底什么时候该哭，什么时候不该哭呢？

1. 在傲慢者面前不要哭泣

在傲慢者面前，千万不要挥洒自己的眼泪，因为无论什么缘由的哭泣，都会有乞求的嫌疑，是最不可原谅的情绪发泄。因为在这种情况下的悲痛不是示弱，而是懦弱，更会使你失去自尊。

2. 在铁石心肠的人面前不要哭泣

需要发泄自己感情的时候，一定要选择那些可以信赖、可以依靠的人。千万不要指望铁石心肠的人能够给你同情和怜悯，眼泪是打动不了这些人的心的。在他们面前哭泣，反而会成为他们的笑柄。

3. 不要在需要你帮助的人面前哭泣

有些人本身就需要他人的帮助，如果你在这些人面前哭泣，会显出你无能，而且会让你帮扶的对象失去对你的信任，减少对方的安全感。

七、撒娇也是一种艺术

在女人的娇声嗲气中，再坚强的男人也会上刀山、下火海，眼不眨、心不跳地为女人做事情。但是，女人们撒娇一定要"撒"好，要撒出品位、撒出温柔、撒出浪漫、撒出实实在在的娇气，否则就会变成撒野。

媛媛是个会撒娇的女子，她的撒娇不但让老公开心，在职场也能助她一臂之力。

公众场合，媛媛对老公表现得温柔贤惠，百依百顺，不仅给足了老公面子，也引来很多人的羡慕和忌妒。老公出差回到家中，媛媛常会撒娇道："老公，你知道吗？你不在的这几天，都快想死我了，来，快让我抱抱，亲亲……"端茶倒水之后，还会把一双小巧的手搭在男人的肩膀上，再送一个香吻……这样会撒娇的小女人，哪个男人不喜欢？如此一来，老公也会把她伺候得服服帖帖。

在职场上，媛媛也会趁机撒娇。看领导心情好时，媛媛就会小嘴一嘟："经理啊，您说这事怎么办才好呢？""老总，这事我处理得还可以吧？"这样的软言细语，即使事情办得不尽如人意，也不会受到责怪。同事间，她也会适当地撒下娇。例如，"李叔叔，这件事我实在不知道该怎么做，您就帮帮我嘛！""陈哥哥，您知道我晕车，没法去送文件，您就帮我送这个文件去郊区嘛！"这种并不出格而又稍带暧昧的撒娇，在同事们听来自然觉得十分甜蜜。

人际交往中，很多女人都不知道如何与男人相处，更不知道如何才能搞定男人。其实，想要搞定男人，与男人和谐相处、顺利交往并不是十分困难的事情，其中的秘诀就是"撒娇"。

相对那些自视清高或者腼腆内向的女人而言，会撒娇的女人更深得周围人的喜爱，也更能打动男人的心。试想，当一个长相漂亮但不苟言笑的女子和一个相貌一般却温存娇气的女孩同时出现在你面前时，你会喜欢哪一个？一般而言，男人都会说第二个。原因很简单，不管什么时候，男人都需要关爱和照顾。很多时候男人就像个孩子，需要哄、需要"骗"、需要关心、需要温柔，如果你能够像幼儿园阿姨一样把他们照顾得无微不至，那男人自然会对你掏肝掏肺。另外，男人都有强烈的保护欲，他们渴望依靠自己、信赖自己的感觉，此时女人如果用撒娇的方式请求他们帮助，他们定会义不容辞。

心 理 指 南 ↓

会撒娇的女人特别有女人味，一举手一投足，总会让男人为之心动，但凡男人都喜欢看女人撒娇，抿着小嘴，跺着小脚，再加上梨花带雨的样子。心肠再硬的男人也会甘拜下风。所以说，撒娇是女人最重要的法宝。不过，撒娇也要懂得一定的技巧，否则会弄巧成拙。

1. 撒娇要有分寸

聪明的女子一定注意，不管是对自己的老公，还是男上司，男同事，撒娇都注意把握好分寸，既不要让别人领会不到温暖，达不到预期的目的，也不让别人接受不了或产生误会。当然，还应该注意撒娇对象的为人。

2. 撒娇的前提是对方喜欢自己

撒娇有个前提，那就是对方必须是真心实意爱她宠她。如果夫妻缺乏感情基础而又没有爱，同事之间缺少沟通而又缺少友情，那么撒娇无异于孤岛独舞，娇撒给谁看？总不会自己又演戏又当观众吧！

3. 撒娇要讲艺术

爱撒娇的女人很多，但会撒娇的女人却很少。如果对男人尖酸刻薄、故弄玄虚、小题大做、搬弄是非，这种"娇"一"撒"出来，就会令男人生厌，不但得不到男人的宠爱，反而会让男人敬而远之。因此，撒娇一定要讲艺术。

八、要善用沉默

在你磨破嘴皮说教无效的情况下，试试"沉默"的威力，也许会有"山重水复疑无路，柳暗花明又一村"的效果，这大概就是"沉默"的力量。沉默一种艺术，是一种美丽，也是一种力量。

有一次，李芳被一位同事辱骂，非常气愤，她窝着满肚子的怒火，想着该如何报复这位同事。想着这事，路过路边的一个玩具摊，看见两个中学生模样的学生在议论一个存钱用的瓷人。遗憾的是他对瓷人的造型并不理解，可是满脸和蔼的瓷人一直蹲在货架上，并不理会所有人的指责。

李芳突然觉得自己非常滑稽，受点委屈就这么大火，连一个存钱用的瓷人都不如，还怎么能成为女强人？这样一想她豁然开朗，满肚子的不满也不知道跑到哪里去了。真该感谢这个瓷人，李芳毫不犹豫地买了一个，觉得它除了存钱的功能外，还可以装下委屈。

李芳对同事骂自己那件事保持了沉默，一如往日地做着自己的事情。而那位曾经辱骂她的同事，反倒是主动找她道歉，认为她懂得宽容，很有风度。而且，两人最后成了朋友。

很多女性或许会遇到这样的问题，有时因为一些小失误，结果招致他人的谩骂。每个女人都是有血有肉的凡人，对于这些恶意侮辱，她们往往会意气用事，怒火上身。其实，此时最好能够压住内心的愤怒，保持暂时的沉默。

很多时候，我们都经不起人们的非议，努力为自己辩解，结果是越涂越黑，身上的污点也越来越大，甚至到最后，我们都不知道自己是不是清白的。这时候，最好的办法就是保持沉默。因为你的沉默，正是让对方镇静的心理战略。在你沉默的时候，对方或许会仔细地审视一下自己的作为，然后意识到自己的错误，虚心听取你的意见，这样就会减少不必要的伤害，还会显示出你的大度。

有人说，沉默是个人思想与情绪的流露，是双方信息交流中的包含了千言万语的无声交流方式。一个说话随便，不经过大脑的女人，在与人相处中，很难得到他人的信赖。管好自己的嘴，该保持沉默时就保持沉默吧！

心 理 指 南 ↓

沉默，有时看来是无能，其实是一种智者的修养，是智者为自己镀的一层保护膜。沉默是福，带给人幸运，躲开流言的攻击。就如同克林顿的夫人希拉里一样，面对丈夫被传得沸沸扬扬的丑闻，她选择了沉默。事实也证明，她的沉默是正确的，挽救了一个家庭，使她为自己赢得了魅力和荣誉，从而能够更稳地在政坛立足。学会沉默吧，这是魅力女人必不可少的一课。

1. 尊重别人说话的权力

每个人都有讲话的权力，当他人行使这个权力的时候，你应该尊重。尊重就是注意倾听，不随便打断他人的讲话。这样做既能够获得他人的信赖，又能够恰到好处地保持你自身的风度。

2. 当别人误会你时保持沉默

谁都有被人误会的时候，当你被人误会而又讲不清楚的时候，最好保持沉默。无谓的争执只能让事情向不好的方向发展，而且可能会越涂越黑，有损你的形象，影响你的魅力。

九、学会吃亏的智慧

俗话说："水至清则无鱼，人至察则无徒。"不要总是明明白白，斤斤计较，不肯吃一点亏。吃亏没什么，付出一点点，可能会获得大的回报，所以，糊涂一点更是聪明的处世智慧。

东汉时，有一名叫甄宇的在朝官吏，时任太学博士。他为人忠厚，遇事谦让。

有一次，皇上把一群外番进贡的活羊赐给了在朝的官吏，要他们每人得一只。在分配活羊时，负责分羊的官吏犯了愁：这群羊大小不一，肥瘦不均，怎么分群臣才没有异议呢？这时，大臣们纷纷献计献策，有人说："把羊全部杀掉，然后肥瘦搭配，人均一份。"也有人说："干脆抓阄分羊，好不好全凭运气。"

就在大家七嘴八舌争论不休时，甄宇站出来了，他说："分只羊不是很简单嘛，依我看，大家随便牵一只羊走不就可以了吗？"说着，他就牵了一只最瘦小的羊走了。看到甄宇牵了最瘦小的羊，其他的大臣也不好意思牵最肥壮的，于是，大家都捡最小的羊牵，很快，羊被牵光了。每个人都没有怨言。

后来，这事传到了光武帝耳中，甄宇因此得了"瘦羊博士"美誉，称颂朝野。不久，在群臣的推举下，甄宇又被朝廷提拔为太学博士院院长。

从表面上看，甄宇牵走了小羊吃了亏，但是，他却得到了群臣的拥戴，皇上的器重。实际上，甄宇是得了大便宜。因此，适当地吃点亏，反而是精明之举。吃小亏反而占了大便宜，何乐而不为呢？

华人首富李嘉诚说："有时看似是一件很吃亏的事，往往会变成非常有利的事。"这就是说吃亏是福。如果总是为一时的利益而争来抢去，反而会因此失去长远的利益，结果因小失大。这些道理是女性朋友应该学习的。

吃亏是福关键在于内心的宽容，不计较小的得失。懂得吃亏的人才是真正的智者。每个人都会有不顺心的时候，如果你能够尽量忍让，不惹事端，多考虑对方的感受，多感谢他们平时对自己的帮助和支持，你就会因为宽容和豁达，受到大家的喜欢和帮助。

心 理 指 南 ↓

吃亏是福！一个有作为的人，都是在不断地吃亏中成熟起来，从而变得更加聪慧和睿智。乐于吃亏是一种境界，是一种自律和大度，是人格的升华。聪明的女人一定要懂得将"吃亏是福"的道理。

1. 放宽自己的心胸

世界上有三种人不肯吃亏。第一种是肚量太小的人，吃了亏就想不开，茶不思饭不想，好像被剜了肉一样。第二种是火气太大的人，吃了亏就暴跳如雷，轻则破口大骂，重则大打出手。第三种是心眼太小的人，吃点亏就要睚眦必报，结果让自己因小失大。这样的人往往会因为不肯吃亏而吃更大的亏。如果他们能够平心静气地对待吃亏，表现出自己的豁达，就可能获得更多的利益。

2. 凡事不斤斤计较

世界上没有白吃的亏，有付出必然有回报，过于斤斤计较往往得不到他人的支持。只有放开胸怀，从长远的角度思考问题，就知道吃亏实际上就是投资，今后可能会获得意外的收益。

3. 不要总想占便宜

如果大家都想占便宜，那肯定有许多事情就没有人去做，这样的结果是集体的利益受到影响，个人也会因此受到损失。如果大家都不怕吃亏，有什么事情都抢着做，虽然自己会暂时吃一点亏，但是工作能够顺利完成，效益好了，集体荣誉有了，大家感情融洽了，收获的还是"福"。

十、掌握变通的办事艺术

在人生的旅途中，如果我们总是按照既定的模式生活着，因循守旧，注定我们走不出宿命的既定结局。人要敢于突破，换一种思路，才会看到别样的人生风景。

有这样一个实验。准备一只敞口的玻璃瓶，使瓶底朝向光亮的方向，然后，往瓶子里面放一只蜜蜂，蜜蜂知道自己被困在了里面，于是开始寻找逃出去的出口。但是它只是朝着有光的方向飞，在瓶底撞来撞去，直到撞得遍体鳞伤，它也不懂得改变方向，歇息一会儿后，还是向着瓶底的方向冲撞，最后筋疲力尽，困死在了瓶子里。

后来又放了一只苍蝇进去。一开始这只苍蝇也是朝着有光的瓶底飞去，但是当它撞倒瓶底以后，知道此路不通，于是改变方向，朝着不同的方向尝试，很快它就找到了出口，逃了出去。执著的蜜蜂走向了死亡，知道变通的苍蝇却生存了下来。执著和变通是两种人生态度，不能说哪个好哪个不好。单纯的执著与单纯的变通，二者都是不完美的。只有二者相辅相成才能取得最后的成功，我们要学会执著与变通结合。

通过试验，我们明白这样一个道理：随机应变是一种智慧，这种智慧让人受益匪浅。当一个方向走不通的时候，任凭你怎样努力，也难以突破。而只要你稍稍转变一下思路，换一个方向，就会轻松地走出困境。生活当中有很多套子，说不定哪一天就会把你套住，无法前进，结果越挣扎反而越紧。

生活中一些固有的东西有时是难以更改的，既然不能改变，那就改变我们自己，放弃原路，另辟蹊径。这就应了哲学中的一个观点：看问题不能总是从一个角度去考虑。所以，与其盲目地苦心追逐，不如选择理智地改变，换一种思路去思考，可能你会找到更快捷的出路。

每一条道路都有走不顺畅的时候，坚持走下去的结果可能会柳暗花明又一村，也可能是悬崖峭壁无前路。条条大路通罗马，当大路上人太多，太挤，举步维艰的时候，你不妨走条小路，说不定可以先到达目的地。让思路变通一下，往往使人豁然开朗，步入新的境地。

心 理 指 南 ↓

当你无法改变生活的时候，就要学会改变自己，如果硬碰硬，倔强地与生活抗衡，即使你撞得头破血流，也难以撞出一条出路。顽固不化是愚蠢的，学会变通，才是聪明的做法。

1. 保持头脑的清晰

人生如同一座巨大的迷宫，里面的道路纵横交错，纷繁复杂，没有清晰的头脑来认清形势，难免走到某处就无法再进行下去了。因此你需要静下心来，认真思考，对自己的认识、行动、决策、方法等进行分析。然后适时调整改变自己的思路。

2. 勇于摒弃陈旧观念

思路是需要常变常新的。陈旧的观念，死板的思维会像紧箍咒一样束缚着思路，使之变得狭窄、封闭，由此考虑问题，就会因循守旧，把前方的道路堵死。因此保持思路的开放是非常重要的。

十一、话要学会绕着说

说话直来直去，固然率直，但有时会伤害彼此的感情。所以，必要的时候，不妨绕着说，或者用委婉含蓄的方式表达出来，这样就可以避免很多不愉快。

周日下午，韩晓正准备去商场购物，丈夫的一个朋友却按响了门铃。虽然丈夫不在家，但韩晓也不能拒人门外。结果呢，那位朋友在和韩晓聊了足足一个小时之后，还没有要离开的意思。

韩晓看着越来越晚的时间，很着急，因为她需要购买的东西很多，还要准备一家人的晚餐。无奈，韩晓心生一计，对这位朋友说："我们家的仙人掌开花了呢，挺漂亮的，我带你到院子里看看怎么样？"

朋友欣然而起，于是韩晓陪他到院子里欣赏开了花的仙人掌。看完后，韩晓趁机问朋友说："你还进去坐坐吗？"这时，朋友看了看时间，恍然大悟地说："不了，都已经耽误这么长时间了，有时间我再来拜访。"

试想：如果韩晓直截了当地告诉朋友说要去购物，朋友会感到十分尴尬，双方的关系必将受到影响。谁都会遇到一些无奈的事情，这时，你需要的不是懊恼和愤怒，更不是实话实说，而是一点说话的技巧。

作为女人，要想在交流中使自己脱颖而出，就需要掌握"曲径通幽"、委婉含蓄的说话艺术，才能避免险滩暗礁，一帆风顺。委婉含蓄的语言，容易被别人接受，也更能表现出对别人的尊敬，达到有效交流、沟通的目的。在社交中，当你很想表达一种内心的愿望，但又难以启齿时，不妨使用委婉含蓄的表达方法，绕着弯说话，有时比口若悬河更能准确表达目的，收到令人满意的效果。

委婉含蓄就在中国的文化传统中。仔细观察，你会发现，不管是时装设计，还是在戏剧故事里，都极具委婉含蓄的魅力。而在语言艺术方面，含蓄是必不可少的。甚至可以说，生活中如果没有委婉含蓄，就没有艺术。

心 理 指 南 ↓

在交往中，聪明的女人懂得学婉含蓄的说话技巧，懂得"绕圈子"，即围绕中心话题和基本意图，从相关的事物、道理谈起，常能收到理想的效果。那么，在什么情况下需要采取"绕圈子"的说话方式呢？

1. 顾及情面，不便直说

中国人很讲究情面，当需要顾及对方情面的时候，有些话不妨绕着说。尤其是婆媳之间、亲家之间等，刚刚建立起来的情感宝塔，基础欠牢固，交往中双方都比较谨慎、敏感，言语稍有差错，就会带来不快或产生误解，造成矛盾。

2. 出于礼仪，需要绕着说

中国人也很注重礼仪。人们在言语交际中，十分注意说话适切、得体。私人场合、知己朋友，说话可以直些，即使说错了，也无伤大雅。在公共场合，对一般关系的人，特别是晚辈对长辈，下级对上级，对待外宾，说话就要特别讲究方式、分寸。为了不失礼仪，说话就常需委婉，含蓄。

3. 当对方难以承受某种意思时

某个意思直接挑明，估计对方一时难以接受，一旦对方明确表示不同意，再要改变态度，就困难多了。在这种情况下，为了强调事理，说服对方，就可把基本观点先藏在一边，而从有关的事物、道理、情感谈起。待到事理通畅、明白，再稍加点拨，自能化难为易，达到说服对方的目的。

十二、学会说是，也要敢于说不

真正聪明的女子，在人际交往中不仅会说"是"，她们还有勇气表达自己的真实感受，敢于说"不"。一个"不"字，彰显了她们的智慧，也让自己更加轻松。

小蕊参加工作不久，一向疼她的姑妈就来这个城市看她。小蕊陪着姑妈转了转，就到了吃饭时间。小蕊身上只有60元，这已是她所能拿出招待姑妈的全部，她很想找个小餐馆随便吃一点，可姑妈却相中了一家很体面的餐厅。小蕊没有办法，只得随她走了进去。她们坐下后，姑妈开始点菜，当她每点一份昂贵的菜，征询小蕊意见时，小蕊虽然心里反对，嘴里却只是含混地说："随便，随便。"此时，她的心七上八下的，放在衣袋中的手紧紧抓着那60元钱。可是姑妈好像一点也没有注意到小蕊的不安，她不住口地夸赞着这可口的饭菜，小蕊却什么味道都没吃出来。最后的时刻终于来了，彬彬有礼的侍者拿来了账单，径直向小蕊走来。小蕊张开嘴，却什么也没有说出来。

姑妈温和地笑了，她拿过账单，把钱给了侍者，然后盯着小蕊说："孩子，我知道你的感觉，我一直在等你说'不'，可你为什么不说呢？要知道，有些时候一定要勇敢地把这个字说出来，这是最好的选择。"

"不"这个字虽然好写，但一旦拿到人与人之间，却很不容易说出口。许多时候即使心里在强烈地抗议，并且有千千万万个不乐意，但在面子上却还要笑吟吟地连连说"好"。此类应酬在上下级之间用得颇多，在朋友之间也不鲜见，在亲友邻里之间也照样存在。结果是，有的女人为了完成自己向他人许下的承诺，费尽各种心思，但因为能力有限，还是很难完成。如此，自己不仅身心疲惫，还会招致他人的埋怨。

女人们别忘了，你有权力决定生活中该做什么事，而不能由别人来代做决定，来左右自己的意志，让自己成为傀儡。况且，他人并不见得比自己更了解情况，所以，他们提出的"理所当然"的要求很可能不是自己的最佳抉择。而你的最佳抉择只能由自己做出，面对不合理的要求，一定要敢于说"不"。

心 理 指 南 ↓

如果你碍于情面或压力而不愿说"不"，受伤的还是自己，你感到很累的同时也会在自责自己的软弱，使自己感到心力交瘁。久而久之，自己的棱角都会被磨掉。

1. 表明自己的态度

从一些小的拒绝开始，比如明确表示自己不想参加某个晚宴，拒绝借钱给那些把你当成银行的朋友。慢慢地，一点一点地积累，让周围的人意识到你也有自己的需求和喜好。千万记住：如果连你自己对内心的要求都不重视的话，就别指望别人尊重它。

2. 自己有拒绝的权力

你已经长大了，有权力说"不"，没必要因为表达了自己的真实想法而感到内疚。学会用"我"来表达你的立场——"我不想做这件事""我不想去那个地方"。你的愿望和想法最终会得到他人的尊重。

3. 给自己时间思考

"不"是有限度的。在说"不"之前，花点时间衡量一下得失，才能学会在面对他人的要求时给出恰当的回答。尝试在有些时候说"不"，你会发现，当你帮助别人时，会感觉自己更充实，更轻松。

理财更要理心，
淡然才能积累财富

第九章

俗话说："你不理财，财不理你。"君子爱财取之有道，女子爱财也要善于经营。现实生活中有很多诱惑，如何把钱花得值，如何赚取更多的钱，都需要用心去打理。

一、拒绝打折的诱惑

在购物方面，很多女性自控能力很差，尤其是在打折面前，常会乖乖地掏出自己的钱包，享受拥有的喜悦。结果却是，虽然是打折但是花钱也不少，回家还要为买下一堆不需要的东西而懊悔。

郭芳周末去朋友家，路过一家商场，遇到"买三百送一百"的优厚打折活动。在这里，她看见一件去年就想买的价值800元的羊毛衫，现价500元，就毫不犹豫地买了下来。同时获赠150元的购物券，如果不把购物券给花掉，它就是废纸一张。于是她又楼上楼下地跑，最后又加上了自己300块钱现金，买了一双靴子，可手里又有了购物券……当她看着钱包空空如也的时候，才发现自己5个小时的"血拼"竟花掉了2000元，连去朋友那里买礼物的钱也没了。只好给朋友打电话撒谎说有事耽误了。当她回到家看着自己的"劳动所得"时，才意识到所谓的打折活动其实另有文章。

女人大多喜欢逛街，没事的时候，邀上三五好友或是独自一人去欣赏琳琅满目的商品，认为这是一种放松，一种发泄……很多商家抓住女性的这种心理，以折扣为诱饵吸引女人。表面上看，商家是将实惠让给了顾客，但实际上是他们掏空女人钱包的策略。

的确，很多商场的打折活动表面上很划得来。其实不然，这些商品本来就标价虚高，经过打折宣传，就成了巨大的诱惑，使你不由自主地掏出自己的钱。千万不要冲着打折去购物，否则会后悔不迭。

有时一些商场处理的断码商品确实实惠，为了省些钱，一些女人竟把这些根本不适合自己的东西带回家。还有品牌打折，这也容易令追求时尚的女人兴奋，可是，真正的时尚品牌是不会随便打折的，他们所谓的打折，通常都是过了几季的老款，即便这样，价格也不菲。但很多女人一看到打折，就会产生购买冲动，结果买下过时的衣服，不知道如何处理。

心 理 指 南 ↓

要想做个聪明的女人，就要学会保管好自己的钱夹和信用卡，拒绝打折的诱惑。这并不是一件难事，建议你看看以下几点。

1．列一张清单

购物前，为自己列一张清单，提醒自己哪些是需要的，哪些是坚决不能买的。有购物冲动的时候，拿出来看看。这样，你买回来的东西成为无用品可能性就将大大下降，也会节省很多钱。

2．出门少带钱

消费要花钱，如果在出门的时候少带钱或卡，就会避免盲目消费。巧妇难做无米之炊，囊中空空时，你购买的欲望就会大大降低。

3．选一些自己消费得起的品牌

选一些自己消费得起的品牌，会比选择苦等几季的品牌旧款更合算。而且很多大众品牌也经常有一些不错的创意和让人意外的惊喜，只要你善于发现，乐于在搭配上下工夫，一定能穿出时尚，穿出气质。

二、准备一个流水账本

很多女人，看到渐瘪的钱包后，却不知道钱到底花在了什么地方，甚是苦恼。此时，准备一个流水账本就显得十分必要了。

婷婷刚结婚的时候，母亲就建议她在日后的家庭生活中准备一个流水账本。刚开始的时候，婷婷采用传统记账方法，把自己所有的花销都记在一个日记本上。几个月后，她觉得这是一件繁琐而无聊的工作，就放弃了。

一段时间之后，婷婷发现自己的钱根本不够花，而且并没有买什么贵重物品，于是再次记账。与上次不同的是，她这次选择在博客上记账。她觉得这样既可以知道自己的钱花在了哪里，还能够与博友探讨哪些钱该花，哪些钱不该花。

慢慢地婷婷感觉，记账的作用蛮多的，既可以从中找到浪费的蛛丝马迹，还可以获得努力赚钱的动力。她还得意地说，记账还能在一定程度上调节夫妻关系，因为通过记账老公发现她既懂得生活，又聪明能干。如今，不管购物回来有多累，她都会坐在电脑前，把大大小小的账单，输入到她的网络记账本里。

很多女性会有这样的感觉，不知不觉间钱就没有了，而且想不起来钱都花在哪里了。仔细去想，发现自己既没有买时装，又没有做美容，更没有出去旅游，但钱就是没有了。如果能够在生活中准备一个流水账本，你就会对自己的经济情况了如指掌。

如果你不想在生活中做个不明不白的"月光族"，不想在信用卡刷爆之后向银行还钱时大呼小叫地说"我的钱都到哪里去了？"你就准备一个家庭流水账本吧，把日常开支全部"记录在案"。这样，你才能将家庭的收入支出了然于胸，更有效地支配家庭中有限的财产资源，为自己的幸福生活把好物质关、消费关。

心 理 指 南 ↓

记账是好习惯，能够帮助那些"月光族"改变生活的状态。不过需要提醒的是，记账只是一个手段，并不是目的。通过记账合理地调控自己的财务支出，才是真正的目的。

1．利用网络财务软件

很多人都觉得在笔记本上记账繁琐而枯燥，对此，不妨把记账本搬到网络上来。现在网络上，有很多免费的家庭财务软件，操作界面简单，考虑得也很细致，涵盖了生活中可能遇到的各种支出和收入，用起来比较方便。因此，不想用传统记账方式的女性不妨试一下这个方法。

2．一定要有恒心

记流水账并不仅仅是准备一个流水账本那么简单，还要求有恒心。如果三天打鱼，两天晒网，也就失去了意义。因此，不管在什么情况下，都一定要坚持下去。日子越久，你就越会发现记流水账的好处。当记账成为一种习惯时，你的生活也会发生一些改变。

3．时常翻看流水账

有的女人，虽然也有记流水账的习惯，但仅是记而已，并没有从流水账簿中受到启发。这就要求她们经常翻看一下自己的流水账本，从中发现哪些钱有必要花，哪些钱没有必要花，在接下来的日子里加以注意。

三、钱靠赚，不是靠攒

很多女人都认为钱是生活的保障，她们日复一日地为攒钱而攒钱。但钱是挣来花的，不是用来攒的。否则不仅会委屈自己，也会觉得生活了无生趣。

晓琳和晓晴是双胞胎姐妹，在相同的家庭环境中成长，受着相同的家庭熏陶，但姐妹两个的金钱观却迥然不同。

姐姐晓琳是个典型的乖乖女，有一份稳定的工作，虽然收入不高，但坚信安稳可以压倒一切。在花费方面，她总是能省则省，觉得钱是攒出来的，身边有钱她才觉得有安全感。妹妹晓晴则与她相反，是一个十足的会折腾的主。一直都信奉"钱是挣出来的，不是攒出来的"。因此，她从来不吝惜手中的钱，想买什么就买什么；再加上天生胆大，基金股票都敢尝试。

结果，多年过去了，姐姐晓琳除了仅有的存款之外，什么都没有。而晓晴则要房有房，要车有车，要钱有钱。

生活中，像晓琳这样的一味攒钱但最后依旧没有钱的女人有很多，而舍得花钱又能挣钱的女人也为数不少。造成这种现象的原因就是前者把自己辛苦赚来的钱都攒起来，让"活钱"变成了"死钱"，而"死钱"是不会自己增值的。而后者呢，就是因为她们把自己赚来的钱用"活"，让钱生钱。她们从来不攒钱，而是把钱继续投入到赚钱的行业，用所赚的钱去赚更多的钱。

因此说，钱是靠挣来的，不是靠攒来的，也只有挣钱才能成为富翁。当然，这并不是说攒钱是错误的，关键的问题是只知攒钱，到花钱的时候，你就会极其吝啬，这会让你获得贫穷的思想，永远也没有发财的机会。人太穷了，就会整天为生存忙碌，你所想到的就是简单的生存，长此以往，便没有时间去想其他的事情，你的头脑里就没有了对更多财富的渴望，也就失去了成为富人的条件。

因此说，想要成为富女人，关键不在于攒钱，而在于如何理财，如何让手中的钱变成更多的钱。如果这样，你也能够很快跨入有钱人的行列，享受金钱带来的幸福生活。

心 理 指 南 ↓

生活中，有穷女人和富女人之分。而造成这种差别的最大原因就是她们思维方式的不同。穷女人认为，很多不可预料的事情都可能会在生活中出现，于是，她们觉得趁自己还年轻，就应该省吃俭用，拼命攒钱，多攒一分就多了一分的安全感，结果她们的生命历程除了攒钱几乎就是一片苍白。而有些女人她们在乎的是每一天的生活质量，倾向于不断花钱和挣钱，为了满足自己的欲望，她们不放过任何可能挣钱的机会，最后，不但得到了自己心仪的物品，而且还学到了挣钱的技能。所以，女人要记住：钱是挣来的，不是攒来的。

1. 该花的时候就花

试问：辛辛苦苦挣钱的目的何在？说白了，也就是为了满足生活需要，提高自己的生活质量。但钱只有在流通中才能体现出它的价值，才会不断升值。因此说，该花的时候就花，不要太吝啬了。

2. 消费更能刺激人挣钱的欲望

守财奴似的女人永远感受不到食物的美味，时装的耀眼，休闲的快乐，因此便不会去追求。而聪明的女人则懂得享受人生，流连于丰富多彩的物质和精神的享受；为了保持和升级享受，她们就会更加努力地挣钱。

四、永远不要做 "卡奴"

信用卡的使用已经风靡全球，持卡人的很多需要在信用卡的帮助下很容易得到满足。很多虚荣的女人却为此付出了代价，给身心带来沉重的负担，结果沦为了卡奴。

玉真每月都能拿到5000多元的工资，但一点也兴奋不起来，她不知道怎么分配这5000元才能让自己躲过财务危机。

玉真今年26岁，收入中等，为了保证自己的生活质量和生活品位，她办了好几张信用卡。这才得以实现她的理想生活——名牌衣服、高档化妆品、数码相机、笔记本电脑一样不少，这些极大地满足了她的虚荣心。

通过信用卡消费，玉真得到了超出自己支付能力的物品，但"天下没有免费的午餐"，债终究是要还的。对她来讲，信用卡导致的这些债务就像是一座无形的大山，压得她快要撑不住了。尤其是最近，她几乎欠着每一个银行的债，以致晚上经常做梦，梦到各大银行打电话向她催债。

越来越多的女人加入了持卡一族。女人青睐信用卡，不单是因为它在消费时比现金方便，更因为它允许提前消费——透支这一最大诱惑。现代社会中，很多女人不断追求高品质的生活，而追求的前提是有钱，信用卡的出现则解决了这一难题。在这种诱惑下，很多女人正投入一场狂热的透支消费大潮中，而由此引发的还贷危机，被暂时的快感掩盖了。其实，这些女人在不自觉中沦为"卡奴"，以致负债累累，无力偿还。

有些女人因为虚荣心理，很想尝试一下有钱人的奢侈豪华的生活，但是自己的收入和这种生活相差甚远，信用卡的出现正好为她们提供了这种可能，使她们的梦想成真。而她们一旦习惯了潇洒的消费方式，再回到以前的拮据生活就难了。于是，她们不惜一切代价，通过透支信用卡过自己想要的生活。

而这些人在刷卡的时候，就像刹车失灵的汽车，控制不住自己，想买什么就买，频繁刷卡，完全不考虑后果，结果有些女性成了"负婆"。

心 理 指 南 ↓

使用信用卡能让很多女人获得愉悦，但这种愉悦过后就是沉重的负担。人的欲望是无穷的，一旦陷入信用卡的泥潭，往往不能自拔。因此，心理专家建议现在的女人，一定要正确使用信用卡，当心沦为卡奴。

1．认识虚荣的危害

虚荣可能会带给你片刻的满足，而过后，剩下的是沉重的包袱。所以，只有正确认识什么是虚荣以及虚荣会带给自己的危害，才能够下定决心来克服虚荣心。

2．禁得住诱惑

信用卡透支便形成债务。须知，信用卡里的钱不是白给你的，用完之后是要还的，在使用信用卡一定要明白这一点，如果无力偿还，最后为难的还是你自己。

3．最好不要使用信用卡

有的人在消费的时候很难把握住自己。如果你不是很有钱，那么最好不要使用信用卡；即使使用了，一定要把握住不要透支，一次透支之后可能就会有第二次，第三次，最后沦为卡奴。

五、不被房贷绊住脚

"房奴"逐渐成为非常流行的名词，许多工薪阶层逐渐加入了"房奴"的行列，成了为房子而劳碌的奴隶，为此，很多女性朋友承受的不仅是生活上的压力，还有心理、身体上的压力。

工薪阶层小张，买房前后，判若两人，令很多朋友颇为诧异。"自从买了房子，我们基本上不出去玩了。放假的时候在家里休息休息就行了，外出旅游花费太大，目前以还贷款为中心，能省就省了"，小张对朋友们说，自从有了房子，他们小两口的日子改变了很多。"买这房子是双方父母付的首付，现在我们两个人收入中的相当一部分都用来付跟房子有关的支出了，出去的话应酬不起。"说到这，小张苦笑了一下。

小张虽然非常喜欢孩子，但是还不能要小孩，因为她和老公还没有这个经济实力。"如果没有父母资助，没有10年、8年是谈不上买房的。更可悲的是，到自己真有了儿女以后，肯定没有能力给他们资助首付了，因为自己的贷款基本要20年才能还清"。和小张聊天的时候，朋友都能感受到她身上的巨大压力。

像小张这样大学毕业没几年，真正能凭自己实力买得起房的人少之又少。可以说，大部分年轻人的工作并没有出现飞黄腾达的局面，仍是普通的工薪阶层，平均算下来年薪不过六七万块钱。面对飞速上涨的房价，只能望屋兴叹了。

因此，一个新名词便应运而生，这就是"房奴"。何谓"房奴"？简单说，就是为了房子而奔波一生的人，具体表现为个人收入的1/3（大多数超过1/3）要用来付房费。现在确有众多工薪阶层贷款买房者已经加入了"房奴"的行列。

曾几何时，中国老太攒钱买房和西方老太贷款买房的故事风靡全国。

中国老太太倾其一生的积蓄终于买得新房，谁知还没来得及住，就离开了人世。在享受生活观念的召唤下，一时间贷款买房成为时尚。而今，曾经被奉为上策的"贷款买房"却成为许多人生活的羁绊。静下心来想想，倘若一味地与他人攀比，而自己又不具备相应的经济实力，那么，"贷款买房"就不是你的上策。本来买新房是为了享受美好的生活，到头来自己却为房贷所累，苦不堪言！

心 理 指 南 ↓

中国人安土重迁，对房子的渴望自是不言而喻。目前很多年轻人都持有以下观点，尤其以女性朋友为最。他们总以为要结婚就一定要买房子，只有买了房子才觉得稳定，才有安全感。而现在的房价居高不下，贷款买房就成了无奈之举，而房贷无形中成了人们生活的羁绊。

1. 时刻记住快乐才是生活的本质

很多贷款买房的朋友，在住进新家时却感受不到应有的喜悦，因为贷款买房完全违背了当初买房享受生活的初衷，累人的房贷压得他们几乎喘不过气，哪里还能高兴啊？贷款买房前一定不要忘了快乐才是生活的本质。

2. 不做啃老族

如今年轻人买房的，主要有两种情况，第一种吃父母老本。家庭富裕的父母出钱，子女享受。更多的是靠着父母付首付，自己偿还那遥遥无期的贷款。第二种是父母卖了老房子然后买个新房一起住。但是年轻人千万不要忘记中国的老话：养儿为防老。而你这样买房无非是在啃老，害老，还谈何养老呢？

3. 要知道每一分钱都是投资的种子

个人在事业未成之前，每一分钱都是投资理财的种子，你把种子过早地吃掉了将来怎么会有好的收成呢？如果把首付作为"创业起步基金"，努力创业，而不是让买房挡住创业的脚步，则不失为明智之举。

六、剩者为王，省钱即赚钱

钱不是万能的，但没钱是万万不能的。那么，对于工资水平比男性较低的女性而言，如何才能拥有一定的存款则成了一个需要思考的问题。其实，在赚钱的基础上学会省钱也是赚钱的另一条门路。

王艳学的是会计，现在在北京一家会计事务所做财务工作，她对于理财是相当地"热衷"。她的口号就是"省钱即赚钱"。王艳每个月的工资仅两千块钱，在北京这是很低的。但是王艳的生活质量并不太低。她与三个同事合租一套两居室，每人每月平摊五百元，尽管她的住处就在地铁附近，但她一般不坐地铁，每天走上几分钟去坐公交，这样每月就可以省出一部分交通费。买衣服也是去西单或动物园附近的批发市场，这样买的衣服既便宜又时尚。另外，她把每个月剩余的九百元钱存到银行里去，工作半年以后，就进入股市投资。并且聪明的王艳在想是否有"股票佣金折扣"呢？于是她上网搜索 "股票佣金折扣"，很惊奇地发现可以享受权证股票佣金超低折扣。王艳一个电话过去，马上体验了股票佣金折扣服务，她又省去了一大笔费用。王艳把这个网站介绍给了她的朋友、同学、同事，后来他们都从某金融折扣网上节省了不少钱。现在王艳的生活过得很小资，用她自己的话说就是"省钱就是挣钱"。

由于各方面原因，女性在工资待遇上一般少于男性，所以，要想让自身的储蓄金有所提高，学会省钱则成了重要的必修课。

那些刚进入社会的新人，工作经验少，收入不高，朋友、同学又多，经常有聚会，还有恋爱投资，结果成了"月光族"。婚后，女性又要为家庭的油盐酱醋茶操心，家里的所有开销都会成为主妇们精心考虑的事情，所以，女性应该时刻具有非常缜密的理财计划，为自己或家庭的开支做个长远预算，用好每一分钱，做到省中求剩。

以积累基金为主，学会积少成多，有计划地积累财富，既是为今后投资或加大投入量做准备，又是为将来的买房、结婚、育儿等创造条件。当然，这里所说的"剩"和"省"并不是削减支出，降低生活质量，而是一种有计划的财产逐渐积累策略。

心 理 指 南 ↓

生活中，常有人抱怨"花钱容易，挣钱难"，很多地方都要花钱，殊不知，这些花钱的地方同样可以省钱。对于待遇不高的工薪阶层的女性而言，会"省"是重要的攒钱方式。为此，理财专家给了一些小提议。

1．办个"死卡"，每个月都坚持储存工资的30%

即使是在用钱的紧张阶段，也要坚持下去，一般的事情一定不要轻易去动那个账户上的钱，或者把它办成一个"死卡"，存成死期。

2．变废为宝

有时，可以去旧货市场淘一些比较好的旧货，虽然是旧货，有些还是很耐用的，主要是很便宜。有时，把一些自己觉得没用的旧东西卖掉，变废为宝，然后把这些卖来的钱存起来，也是一笔小财富。

3．上班时同样可以省钱

虽然上班就没有时间去消费，但是工作餐，上下班的公车费都是可以钱的。你可以自带饭菜上班，中午餐既合自己口味又节省十块左右的饭钱；上下班乘坐交通工具，可与人合租或者乘坐公共交通工具，这样就可省些交通费。如果家离工作单位不远，可以骑车，交通费省了，身体也锻炼了，何乐而不为呢？

七、偷着攒点私房钱

家庭婚姻指导师龚苏认为，女性存私房钱是对安全感的渴望，从心理学上来说，是一种无意识的心理倾向，是很正常的行为。从现代女性的特点来说，存私房钱应该提倡，而不是批评。

在一家公司做业务的秀存利用中午吃饭的时间，将刚发的一千元奖金存到了自己的银行账户上。这个账户是除她自己之外无人知道的小金库。

秀存从结婚就开始攒私房钱，因为她发现自己的消费观念和做会计的老公完全不同。丈夫是什么东西都务求所值，而秀存则是典型的凭感觉消费的女人，只要是自己看上的都逃不脱她的手掌，结果乱七八糟的东西买一大堆。每次购物回家都要被丈夫"上课"，于是，购物的快感很快就消失了。聪明的她后来找到了攒私房钱这条路，从一开始她就沉浸在快乐之中，因为她尝到了甜头。

这个小金库主要是自己正常工资以外的奖金和她处理家用后剩下的。对于自己的私房钱，秀存用起来特别大方。凡是自己喜欢的东西都要买回来。这也避免了每次和老公大讲道理、撒娇求情。而每当丈夫问起，她都会说是朋友送的或是客户送的。可以说，从私房钱中，秀存真正体会到了从未有过的自由与快乐。

像秀存这种存私房钱的女性，在现在这个经济型社会中大有人在，甚至成了受女性欢迎的时尚。随着英语的流行，有相当一部分女性说"私房钱"的叫法已经过时，应该叫"PersonalMoney"，就是自己自由支配的钱。不论是哪种叫法，女性在其中享受到的自由与快乐是不言而喻的。

金钱虽然不是万能的，但确能给人带来一定的自由度，如果你的经济不幸被人控制了，那么当你需要用钱时，就不能体会到随心所欲的快乐与自由。因此，女人存私房钱的动机，就是为了想要"购买"属于自己的活动空间。

"现代女性存一点私房钱很必要，这样可以让自己活得更精彩更自由。至于会不会引起家庭矛盾，我想从现实情况来看，女性存私房钱而引起的家庭矛盾很少。"家庭婚姻指导师龚苏说。女性的家庭意识都很强，除了自己以外，最终还是会把钱用到孩子和丈夫身上。所以说，女人存私房钱，不仅可以给家庭急需提供不小的帮助，还有助于促进夫妻感情，增加家庭的和谐幸福。

心 理 指 南 ↓

现在的物质女人们，除了掌管全家的经济大权，也开始准备另外一本账：攒自己的私房钱。要自由懂享受的女人，还得有私房钱！但是女性在存私房钱时一定要掌握一定的技巧和要领。

1．在保证夫妻关系不受影响的基础上建小金库

对于大多数女性来说，自己存的那部分私房钱未必是丈夫不知道的，但却是自己有绝对控制权的，这也为女性去做自己想做的事情提供了可能，但是大的方向不能发生变化，即保证夫妻感情不发生变化。

2．另立一个账号

如果你不想让丈夫发现你的小金库，可以另立一个账户，但是存折一定要小心收好，否则后果会比让丈夫明白知道你的行为更恐怖。对于存折的存放点，有以下地点可以选择，比如可爱的毛毛熊的肚子、化妆镜的后面。想象每天抱着自己的私房钱睡觉，早起就对着私房钱梳妆，心情不好才怪呢。

3．必要的撒谎与送礼

万一被丈夫发现也没关系，你可以说是为了准备充电或是其他必要的秘密开支，给他吃颗定心丸；或者找时间送他一个特别的礼物，逗他开心，并告知这就是你攒私房钱的目的。总之，让他知道这是数量很小的必要开支。

八、买只"基"来生"蛋"

有人说，女人是走在时尚最前沿的一个群体，而如今，买基金已经成为一种时尚。所以，作为一个有品位、有内涵、高雅而又懂得时尚的女人，在买基金方面你也应当表现出你的实力与能力。

25岁的小李是一家私企的办公室文员，工资很低，也没提成，她又很会享受，所以，她是名副其实的"月光族"成员。但是她发现和自己情况差不多的一个大学同学，小日子却过得很是滋润，问其原因，原来对方买了基金。小李甚是心动，尽管囊中羞涩，困难重重，还是咬牙从几个月中省出一部分，准备买基金。

后来她说，20多岁未婚的女孩迈出理财的第一步，并定期定额购买基金是需要很大勇气的，但是当我办完手续，拿着证券卡走出银行的时候，心中的兴奋是无以言表的。那时我就想对全世界的人说"我小李也是有资产的人了，从月光到有资产我容易吗？"更让小李兴奋的是，她买的那只"基"在频频为她生蛋，尽管不多，但是她还是逢人便说，见人就让别人买基金。因为在这项风险很小的投资项目中，她尝到了甜头。

在一般人的印象中，女性是消费的主力，男性则是挣钱的主力。但如果考虑到理财的因素，就不一定是这样。

就拿投资基金来说吧，很多基金公司对自己的客户统计后都发现，客户中有六成以上是女性，这和男性更热衷于投资的普遍印象不符。再细想一想，考虑到中国女性在家庭财富管理中的主导地位，似乎又是在情理之中。

女性更乐意投资基金，并不意味着女性在理财上缺乏创意。相反，很多女性在理财筹划上表现出的智慧让人惊奇。更重要的是，很多女性理财的筹划，往往和维护家庭生活巧妙地结合在一起。环顾四周，真正的有钱人可谓少之又少。大多数人不过是你我这般的工薪族，每天拿着不多的工资，应对着时而上涨的物价。但现实中，确实也有一些有钱人，成为有钱人的门径很多，理财是一个重要的因素。现实中，女性面临的一个事实是：工资普遍低于男性，退休早于男性。可以说，女人一生的所得少于男性。可见，女人理财就变得更加重要。而在众多理财产品中，购买风险较低的基金无疑是一个不错的选择。

心 理 指 南 ↓

对于女性来说，基金是最好的朋友。因为女人是要养孩子、要逛街购物、要美容、要做自己喜欢的事情，不仅要花钱，更需要花时间。而基金能给女性带来财富增长，还不用占用很多时间。基金可能是唯一能够带来有闲适生活的投资品。买基金时要注意一些事项。

1. 了解欲购买基金的运作情况

购买基金时首先要慎重选择基金品种和所属公司，购买前要查阅相关资料，掌握基金的基本情况、预期收益和风险等信息。一般情况下，需对公司基金的运作情况进行了解，选择一家分红率高、运作稳定的公司作为自己的投资目标。

2. 买基金应慎重

随着基金的热销，不少对股市、基金了解不多的女性也纷纷"杀入"市场。但是理财专家提醒，女性理财应当谨慎，应该在了解自身风险承受能力和想要达到的投资目标后再"出手"，不要盲目购买，否则基金的风险也会加大。

3. 为孩子另外养只"基"

当你准备生孩子或者已经有了孩子时，就应该考虑为孩子的成长和教育进行必要的储蓄。此时，除了家庭的总基金外，为孩子另外养只"基"则是个不错的选择。

九、有策略地花男人的钱

女人花自己男朋友或老公的钱，虽然是天经地义，但聪明的女人知道，花男人钱，要有点策略，知道何时该花，何时不该花，否则男人一旦认为你是一个物质女王，迟早会抱头鼠窜。

张娟和方圆在同一家单位上班，工资相差无几。但令张娟奇怪的是，方圆总有钱买最高级的化妆品和时尚的衣服，把自己打扮得漂漂亮亮的。而张娟呢，用着最廉价的化妆品，穿着批发市场买来的衣服，但日子依旧是紧巴巴的。

后来，两个人无意中说起其中的缘由，张娟才知道，方圆总是有策略地花男朋友的钱，而她的男朋友梁涛也很乐意。方圆告诉张娟，梁涛喜欢为方圆花钱的感觉，这会让他觉得自己很有面子，很有能力；她说，这是男人的共同特征，没有一个男人会不舍得花钱给自己的女人。

而张娟呢，在和男朋友交往中，总是选择AA制，她觉得这样会显示自己的独立。结果，男朋友经常抱怨她没有女人味儿，还经常抱怨自己找不到做男人的感觉等。听了方圆的一席话，张娟意识到自己应该改变一下观点了。

女人要想满足自己的物质欲和享受欲，有两种方法，一是自己打拼出一片天地，把钱包赚得鼓鼓的，然后自己去购物；另一种是找一个愿意为自己花钱的男人（这里的男人指的是自己的男友或者老公）。

女人在自己有挣钱本领的同时，如果有个男人愿意为自己买单，是更值得骄傲的事情，至少说明自己有魅力，能够让男人为自己慷慨解囊。再者，男人通过征服世界去征服女人，女人通过征服男人去征服世界。对男人来说，挣钱为的就是能够让自己心爱的女人花个痛快，在为女人刷卡的时候，自己的成就感立刻得到了高度的满足。所以，女人一定成全男人的这个梦想，这样他也没有更多的钱去外面寻花问柳了。所以男人挣钱女人花，不论对男人还是对女人都是有好处的。

不过，在花男人钱也要讲究策略，毕竟男人不是任人宰割的羔羊，男人虽然喜欢为女人一掷千金，但如果面对的是一个纯粹只为了把男人的钱包一扫而空的女人，他肯定会被吓跑；况且，他们挣得也都是血汗钱。

心 理 指 南 ↓

花男人的钱一定要有点策略，知道何时该花，何时不该花。不然，你可能不但花不到钱，甚至连男人也失去了。聪明的女人在让男人为自己买单的时候，会用一定的策略，让男人花钱花得心甘情愿，把买单看做最开心的事。

1．花男人的钱时要矜持

女人可以花男人的钱，但不要表现得太露。花男人钱的时候，首先要以矜持作为自己的策略，即使内心万般企盼着男人就此一掷千金，也要不动声色，然后使用一个小小的伎俩。这样男人会为你把卡刷得不亦乐乎。

2．花男人的钱要有度

如果男人的钱只够买玉兰油，你却固执地指着香奈儿，那不是逼着他去卖血吗？花男人的钱要有度，不要花钱不眨眼，要量他的钱包而行。不要以为对方是金矿，可以取之不尽，用之不竭。

3．懂得用男人的钱打理男人

男人也需要温暖，也需要感动，聪明的女人在花男人钱的时候，不会自私地只顾自己享受，也会给他一个小惊喜，比如一件上衣一条领带。当然羊毛出在羊身上，买礼物所用的钱还是男人的，但男人却会由此感激女人的细心和体贴，以后会对女人加倍呵护。

十、别把金钱和感情混为一谈

感情是感情，金钱是金钱，聪明的女人绝对会把二者分得清清楚楚，不会因为感情而不好意思明算账。其实，如果把金钱问题讲清了，很多事情就会变得简单起来，心情也会随之愉悦。

生活中，沈莹是个精明的女会计，在金钱方面是出了名的精明。例如，给同事报销出差费时，一定会严格审查，生怕有人弄虚作假，占了单位便宜；购物的时候，她一定会货比三家，不找到最便宜的那一家决不会打开钱夹。但是，在谈恋爱的时候，她却变成了一个最不会算计的傻女人。

原本对她非常器重、非常信任的老板，竟然发现她偷偷挪用公司的几十万公款。而挪用公款的理由让很多人跌破眼镜：她的男朋友看上了一辆最新款的宝马车，资金不够，想让她帮忙。沈莹上班才刚刚一年，存款不多，无奈之下，她竟然挪用了公款。老板不忍心她因此吃官司，经过协调要沈莹补足款项后自动离职。离职的沈莹很快就失去了她的男朋友。后来沈莹才知道她爱上的是一个不务正业的小混混，在沈莹之前已经用类似的方法骗了好几个女孩子。

说实话，女人是很害怕在感情中加上"算计"和"精明"这类字眼的，尤其是面对金钱的时候。正是出于这种心理，很多女性把金钱和爱情混为一谈，觉得对男人付出金钱也是表达感情的一种方式。殊不知，有时就像沈莹一样，会遭到欺骗。一个真心想和你在一起的男人，是不会把你当做取款机的，也不希望你的理财头脑一塌糊涂。

恋人、夫妻之间的和谐发展在于良好的基础，物质基础也是其中之一。可以说，男女双方互为一面镜子，能照出彼此对金钱及消费的态度，也能反映出自身的状态，折射出自己的内心世界。因此说，在花钱方面，一定要了解自己、也要明白对方对金钱的态度。

金钱和其他东西一样，体现着一种价值和权力，当爱人之间出现金钱上的冲突时，就要在金钱上清清楚楚。再者，家庭婚姻美满的关键在于和谐，其中包括财务关系和谐，这就要求双方要建立共同的责任感，一致的价值观，相互理解、体贴。因此，心理专家建议，恋人、夫妻双方一定要处理好金钱问题，不要把金钱和感情混为一谈。

心理指南 ↓

金钱作为价值和权力的载体，既能让一段感情美满和谐，也能让一个家庭支离破碎。心理专家认为，夫妻或恋人之间若能把钱的问题处理好，则更能促进感情。

1. 钱财分明

感情再好，也要明算账，爱人之间也应在钱上清清楚楚。如果确定结婚，结婚之前做好财产公证。这样明确财产，对大家都有好处，建立家庭以后，要清楚自己和爱人的收入与支出。

2. 建立共同的账户

人无远虑，必有近忧，人需为未来做打算。这要求爱人之间建立一个共同的账户，同时也建立各自的账户。在每个月发工资时候，彼此都拿出一部分钱，存在共同账户里，然后自由支配共同账户以外的钱。

3. 预算统计

对生活要做好安排，预算自己的收入是多少，支出多少，为未来存多少，每个月做好细算，计划生活。这样既能保障生活的质量，也能避免透支带来的烦恼。

提升心灵魅力，
才情成就精彩人生

第十章

　　女人的美丽在外表，魅力却在内涵。做个有品位、有魅力的女人不是一件容易的事情，首先修"心"是很重要的。善于培养自身才情的女人，才能让自己更加光辉闪亮，美丽动人。

一、气质是女性的魅力之源

> 女人的气质在某些方面是可以和美丽相媲美的，因为这种美是外在形美与内在秀美的结合。而具有气质的女人是最具魅力的，即便是美人迟暮，那种韵味犹存，让人一眼就能看出那份恬淡的气质和舒卷的宁静安然。

说一个女人不好看，就等于给她判了重刑，对于娱乐圈里的女人来说更严重。曾几何时，刘若英也遭受了这样的待遇。但是，在她非常沮丧的时候，著名电影人张艾嘉来了。她很坚定地对刘若英说："你不漂亮，但是你可以去演电影。"刘若英简直不相信她说的话，但还是欣喜地去了。于是刘若英出演了《少女小渔》里的小渔，电影中的刘若英，一幅淡淡的笑容，专注的时候，眼睛睁得圆圆的，两颗漆黑的眸子，好像一下子就可以把人看穿。

这部朴实无华的电影显示了华语电影的独特魅力，剧中的刘若英更是以她清淡的表演，彰显了华人含蓄内敛而又丰富从容的民族个性。因为这一点，奠定了刘若英不会大红大紫，但会有悠远而深长的星路历程。至此，刘若英的气质征服了很多观众，以至被冠以"气质美女"的称号，相比有的影星的冷漠，刘若英是真诚的、善良的，也是纯粹的。

刘若英就是这么一位值得我们用心来品味的气质女人。在当代的娱乐圈里，她不算是一个美女，而且打扮向来不夸张，总是一条简单的牛仔裤，一件素气的无袖衫，平和恬静的表情与性感和惊艳没有丝毫的联系。但是，她用气质征服了亿万观众。因为在她的眼神里，总充满着一种忧郁，即使在她笑得很灿烂的时候也能够流露出来。但就是这么一种淡淡的忧郁为她略显平凡的脸孔添上了一种独特的味道，让她与众不同，显示出独特的气质。

有气质的女人是沉稳的，是真实的。对女人来说，外表的包装是非常重要的，但是如果心灵干枯了，美貌也将会随之消失。而气质美女，懂得外貌的美丽会随着时间的流逝而改变，化妆美容都只是一时的手段，给人外在的表现；而气质是永恒的，是岁月消磨不掉的，是深入到骨子里的，是更加动人的旋律。想必，刘若英便是如此想法。

心 理 指 南 ↓

我们都知道，气质是可以通过后天培养和打造的，可能你并非天生就知道自己属于什么气质，但是后天的生活中，你将会发现自己适合什么样的气质，通过学习，再加上自己的某些先天条件，你完全可以打造出属于自己的独特气质。

1. 保持自信

在这个处处充满竞争的社会，那种自怨自艾、柔弱无助的女人已日渐失去市场。女人学会自我拯救和自我完善是最重要的。渴盼男人赐予你幸福永远是被动而不安全的。

2. 学会高贵

女人的高贵并非指一定要出身豪门或者本身所处的地位如何显赫，这里的高贵是指心态上的高贵。男人最反感放荡轻浮、心态猥琐的女人。男人可以是女人的护花使者，但女人本身要给男人提供一种信心，这种信心就是让男人放心，而且乐意为你付出爱。

二、内涵是女性的魅力之本

具有内涵的女人就如同一行行的文字，朴素而高贵，只有细细品味，才能够读得出她的丰富和深刻。而且，不管岁月如何流逝，不管纸张怎么古旧，都不会减弱她内在的魅力，都不会影响她的幸福指数。

《简·爱》中塑造了一个自尊自爱的知性女子简·爱，她一直在追求生命中的爱情、光明、圣洁，虽然出身贫寒，但她却颇具内涵。襁褓中父母双亡的简·爱被舅舅收养，舅舅死后，她受到了舅舅家人的百般虐待，但也许正是这种寄人篱下的生活环境，造就了简·爱坚强不屈的精神和自立自强的信心，以及不可轻视和战胜的人格力量。

在罗彻斯特面前，她从来不因为自己出身卑贱，是一个地位低下的家庭教师而感到自卑，她坚信人在精神上都是平等的。所以她敢于坦荡地去爱，虽然这段爱情会遭受嘲笑或侮辱，但敢爱敢恨的简·爱从来不把这些放在心上。因为她的正直、高尚、纯洁，使得罗彻斯特为之震撼和倾倒，并深深地爱上了她，把她看做可以和自己在精神上进行平等交流的人。尽管他们彼此相爱，可当结婚那天，简·爱知道他有妻子的事实后，还是坚持离开。她说："我要遵从上帝颁发给世人认可的法律，我要坚守住我在清醒时而不是像现在这样疯狂时所接受的原则，我要牢牢守住这个立场。"

简单来说，这是简·爱必须离开的理由；但是从深层次来讲，是简·爱意识到自己受到了欺骗，她认为自己的人格受到了侮辱，自尊心受到了伤害，而且这个伤害她的人恰恰是她深爱的人。痛苦中的简·爱选择了理性地离开。即便前面有美好、富裕生活的诱惑，即便爱情带来的力量非常强大，简·爱依然选择坚持自己的尊严。这也许就是她最具魅力的地方。

上天赐给了女性美丽的容貌和妖娆的体态，但是决定女人是平和、善良、温柔、自信还是丑恶、自私、凶狠、愚昧的，则是其文化思想和品质。美丽的女人是一道优美的风景，令人赏心悦目，但是如果她出言不逊，举止不雅，便只会令其光鲜的外表黯然失色。一个女人若没有深刻的内涵，再美的外表也只是昙花一现。唯有具有内涵的女子，才能美得持久，美得脱俗。

所以说，女人可以没有华丽的外表，但不能没有丰富的内涵，只有内涵才能赋予美丽以灵魂，才能使美丽更加深刻。

心 理 指 南 ↓

一个女人的外在美会随着时间的流逝而退色，甚至消失得无影无踪，而内在的美却是经久不衰魅力永存的。另外，内在的高尚修养和高雅气质也足以弥补其外在的不足。所以，女人只有深层次地挖掘这些内涵特质，才能更好地展示自己的魅力。

1. 善待自己

具有内涵的女子懂得任何时候都应该善待自己，不会伤害自己。另外，她还知道良好的健康对现代人的重要性，所以她常常会积极地参与各种体育运动以保持自己良好的身材，也不会吝惜花在保养自己容貌和身体上的金钱和时间。

2. 培养自己的业余爱好

有内涵的女人应该培养一种或者多种业余爱好，不管是练瑜伽、跳芭蕾，还是唱卡拉OK，只要是有益身心的事情，都可能在潜移默化中对你内涵的养成产生重要影响。

3. 改掉各种不良习惯

日常生活中，一定要注意改掉自己的一些不好的习惯，例如要按时完成今天该做的事情，避免运用一些不雅的词语，也不要整天泡在庸俗的电视剧当中。

三、温柔是魅力女性的本色

温柔如风，可以拂去心绪的烦恼与忧愁；温柔似雨，可滋润心田的干渴；温柔似利剑，剽悍粗犷的人会在这利剑下垂下高傲的头颅。女性有了温柔，便有了独特的美，有了做人的智慧。

魏丽在一所著名的高级中学任教，学生们一直认为她是一个非常严厉的老师，微笑几乎和她无缘。每当学生出错，她责备的目光令学生生畏。

一次期末考试，因为少写了一个声调的炎炎看着卷子上那个鲜红的叉号，心里十分不满，于是在课余时间找到魏老师想请她把失掉的这一分给加上，因为这样她的成绩才能够及格。但是魏丽看了炎炎一眼说："这不是分不分的问题，做学问讲究的就是严谨，一点儿都不能马虎。"炎炎不甘心，又向她求助。魏丽这次发火了，说："小小年纪怎么就把分数看得这么重要。"

炎炎哭着离开了办公室，放学之后，魏丽把炎炎叫到办公室。她用少有的温柔微笑着对炎炎说："刚才老师的脾气太大了，在这里向你道歉。其实分数并没有多大意义，关键是看你怎么对待这次考试，能从中收获什么。"她语重心长的一席话让炎炎非常感动。炎炎看到了魏老师那少见的、温柔的笑容，可以说，这个笑容足以让她铭记一生一世。

上帝创造女人最大的成功，不是赋予她们外表的漂亮，而是女性特有的温柔。对于女性来说，温柔是一种智慧，是一种境界，是女性独具的气质，是美德，也是一种力量。它像春风一样吹散人们心头的忧愁和烦恼，给人们带来幸福和快乐；它又像清澈的溪水，浇灌着亲情之树和爱情之花，使一切变得美好和谐。

几乎所有的人都知道春风是温柔的，但是它却能在厚厚的湖面上划出一道道裂痕；缓缓的流水是温柔的，但是它却能在日复一日中让棱角分明的石头变得圆润。温柔的外表下藏着坚强，而作为一个女人，不管你外表多么坚强，内心都应该流淌着温柔的血液，因为温柔是女人的独特武器。

温柔的女人有特殊的魅力。说到女人的温柔，人们总能想起她们温柔的双眸，温情的微笑，温文尔雅的举止……面对如此柔情妩媚的女性，有人说，她们如同画家笔下的水彩画，散发出简单、朴素的婉约之美。

心 理 指 南 ↓

在日常生活中，温柔的女性要比不温柔的女性更容易获得快乐。在平常的日子里，温柔的女性日子会过得有滋有味。她的一言一行，一颦一笑，一举手一投足都尽显女性温柔本色。如果你想更快地收获事业的成功，想收获甜蜜的爱情，想享受幸福的婚姻，想拥有充实的人生，那么，从现在开始，学着做一位温柔女性吧！

1. 保持纯真

不可否认，这是一个暴露的年代，很多女性为了吸引男人的目光，变得越来越性感和狂野；但是那些文静、长发柔美的乖乖女也不乏魅力。特别是在追求爱情的过程中，对于那些心有归属感的男人来说，这类温柔女性所散发的纯真更能够吸引人。

2. 不要刻意伪装温柔

女人的温柔是不需要刻意伪装的。娇声娇气的小女孩腔、矫揉造作的行为举止与温柔没有关系，这些只能够吸引一些肤浅的男子，在大多数人看来纯粹是惺惺作态。真正温柔的女性，不只是表现在语言和动作上，它是女性时时散发出来的一种魅力，一腔柔情。

四、优雅是女性最好的化妆品

优雅是一种神态，这神态更多地来源于丰富的内心，它是智慧、博爱、理想和感性的完美融合；同时优雅更是一种气质，是你举手投足不经意地流露出来的一种风度；它也是一种味道，是由内到外弥散出的醉人的芳香。

英国女外交大臣玛格丽特·贝克特是一个极为优雅的女人。2006年中、美、英、法、俄、德六国，在英国驻奥地利大使馆内就伊朗核问题举行会晤时，玛格丽特·贝克特是会议的主持人。

那时，她已经年过六旬，颈部已经明显可见身体衰老形成的皮肤皱纹。但是处在富丽堂皇的会议大厅内的她，虽然身边是清一色的老练的男性外交官，她依旧如同一位古代欧洲的女贵族一样，高昂着头，眼神里充满着自信，表情则是胸有成竹的微笑。主持会议的过程中，她以右手配合发言，轻轻地、以最合适的速度在胸前划着小圆，做出一个又一个非常优美的手势。整个会议过程中，她的表情、神态、动作、衣着、发饰等一切都恰到好处，表现出来的是优雅而完美的气质。不可否认，她已经老了，但是因为她的优雅，岁月从她这里走过时，只带走了外在的光华，那份漫长时光里已经渗入灵魂的智慧、自信和高贵，却在每一个毫不令人感到刻意的细小举动与表情中，像一首古典诗词一般，散发着来自精神的永恒魅力。

听到过这么一句话："女人可以老去，但要优雅。"十分赞同这样的观点。优雅的女人，她或许不漂亮，也不年轻，但是她的一举手一投足，她的一颦一笑，或许只是她的一个背影，就会使你感觉阳光明媚了许多，空气清新了许多，天地间也生动了许多。

优雅就如同是盛开在女人身上永不凋谢的花朵，散发出恒久的芳香；它又如同是雕塑家手中的刻刀，从内心到外表雕刻着女人；确切地说，它是一种永久的时尚，不会因为岁月的流逝而消失，也不会因为时空的转变而淡泊。优雅的女人自有一种风骨，洋溢出一种近乎浑然天成的风致、风韵和风姿。

优雅的女人如同玛格丽特·贝克特一样动人。因为她们懂得如何表现自己的成熟、优秀、文雅、娴静，更能使自身的气质在举手投足间得到最好的体现，即使她们并无沉鱼落雁之容，也无闭月羞花之貌，甚至是韶华已逝、青春不在。

心 理 指 南 ↓

女人的优雅不是天生的，也不是靠金钱和外表可以换来的，它建立在一种深厚的文化底蕴、艺术修养、高雅审美的基础之上。优雅的背后，是长年认真细致并有计划地训练与陶冶，绝非朝夕之功。同时，优雅是极难被模仿的，因为它是一门艺术，有些人可以突击学到它的表象，而它深层的厚重积淀，是很难轻易能获得的，脱离了它的精神，也就丧失了灵魂。

1．保持本色的自己

有些女人为了追求外在的美丽去丰胸，去垫鼻子，去削下巴等。这样盲目追求的性感、美丽，只能是庸俗、浅薄和愚笨的同义词。这样的女人是不优雅的，因为她没有真正理解让女人大放异彩的是女人的才干与修养，这是化妆品与刻意雕琢所不能成就的。

2．要具有自己的风格

优雅的女人懂得在任何时候都保持自己的风格，她会让自己的表情自然丰富，不故作冷漠或矫揉造作，永远保持适当的微笑；在着装方面力求简约，因为多重穿衣会令原本苗条的身材徒增许多累赘，而且复杂的领端袖口会降低品位。最重要的是要有自己的主见，任何时候都不要盲从；举手投足间都尽显优雅。

五、品位是时间打不败的魅力

有品位的女人具有恬静的心灵和淡泊的情怀。她们不强求身外之物，面对物质的诱惑、世俗的刺激处之泰然。在缓缓散步时，她们会时而静立池边，时而低头漫想，时而凝神远望，让内心回归自我。

凌菲菲是一家知名房产集团的副总裁，也是拥有绝佳品位的女人，这不仅体现在她的言谈举止和穿着打扮上，更体现在她的能力上。

几年前，她到一家拍卖的机械厂考察。进入厂区时她大为震惊：这哪里是充满钢铁味道的机械厂，简直就是大都市中的一片森林，这里到处都是树木，且高高低低，参差不齐，别有一番景致。她突然涌出一种感觉，这个地方有她一直在追求的一种东西。凌菲菲一直对艺术和文化情有独钟，并试着在建筑中体现一种美学元素，包括自然与环境的和谐。所以，当她看到这片葱茏时，内心涌动的是渴望创造的冲动和激情。她决定把这个破旧工厂改造成一座大型艺术生态居住小区。而小区的点睛之笔就是那些破旧的厂房和毫无用途的机器……在建造楼房的过程中，为了保护散在生长的树木，她特意邀请了美国著名的景观设计专家进行指导，又请来了一些园林工人，将这些大树进行全冠移植……

这就是凌菲菲的品位，她没有盲目地追随"欧式风格"等楼盘概念，而是在细节中融合了中外的文化和理念，使自己的楼盘既有极高品质，又别具一格。

有人说，漂亮的女人不如可爱的女人，可爱的女人不如有品位的女人。有品位的女人具有一种特殊的味道：永远得体的装扮，脱俗的气质，迷死人的微笑，风趣幽默的谈话，不张扬、不紧跟时尚，不时髦但修饰得体。这样的女人，会给人以清风徐来的感觉，她乐观向上、真诚而不虚伪、自信而不自大、温柔而不软弱、平和而不浮躁、从容而不轻薄，她有自己的独立思想和人格，绝不会人云亦云，随波逐流。

其实，女人不管在什么时候，在什么地点，都应该表现出自己的特色，使自己纯真的气质洋溢着女性深邃的内涵，使自己高雅的风采闪烁着与众不同的光辉，使自己独特的观念迸发出思想的火花……这就是"女人的品位"！

心 理 指 南 ↓

如果说性感魅力是女人外在的美丽，独立自信是女人内在的气质，那么品位格调则是女人价值的终极展现。现实生活中，一个女人拥有了品位，就等于开始享受增值的自我。而品位是需要用心来提升的。

1. 为自己渲染出艺术氛围

想要做个有品位的女人，不妨在床头放本自己喜欢的画册、美文集等，晚上拧亮台灯在若有若无的轻音乐中翻阅，既可以让人平和宁静，又可以让知识教养有所提高。假日里，去美术馆、音乐厅感受艺术气息，拉近自己和艺术的距离，试着让自己成为充满艺术气质的女人。

2. 捕捉流行品位

作为一个有品位的女人，正在流行的不能不懂，否则容易落伍。但也不能盲目跟风，应该从流行因素里找到个人的品位，再添加自己新的特色，争取成为新潮流的带动者。

3. 保持质朴个性

做个有品位的女人，靠的是质朴、真诚、善良、知识和智慧。唯有这样的女人，才能恰到好处地选择表达自身风情韵致的外在形态。有品位的女性，对自己的风度之美既不掩饰也不张扬，对他人美的风度既不忌妒也不贬斥，而是坦然处之，使人感受到真正的潇洒之美。

六、简单是女性幸福的归宿

俄国作家屠格涅夫曾说：“凡事只要看得淡些，就没有什么可忧虑的了；只要不因愤怒而夸大事态，就没有什么事情值得生气的了。”只要把事看淡一点，看简单一点，幸福就会离你不远。

眼前这位被朋友称做“婚姻傻瓜”的女人却自感非常幸福，看看她是如何来描述她的幸福的吧：一次和闺中密友聊天，她问我有多少私房钱，我傻了。可后来一想总感觉婚后老公的表现，我完全没有理由做任何经济上准备的必要。我对感情以外的东西都很轻视，在日常生活中，只要每顿有不算太差的饭菜，有几套不同款式的衣服，而且上班前有老公的互相道别，对我来说已经足够了。有时我也觉得自己头脑过于简单，比如，从来不过问老公的钱袋，也不每月让老公上交工资，但是每月总能准确地收到老公存了钱的折子；有时老公忙于应酬深夜才归，当听到那熟悉的脚步声时，我总是站在门口等候，开门也没有抱怨声，那时，他总会抱怨似的说：“怎么又起来了？”话语中饱含的却是心疼。在平常的日子里，我感觉自己的简单给我们的生活带来了许多的便利，我们之间没有因猜疑而滋生的感情上的劳苦，可以把精力投入到工作以及对家务的料理之中，我们之间没有浪漫的约定，没有钻戒来作为永恒的见证，有时老公带我去买他已看中的首饰时，我总是借故拉着他离开。后来，他就说我傻，说我就不考虑如果真的离婚，这也是自己的一点积蓄。我只有傻笑。但是我们的日子也在这种简单中过得幸福快乐。

正如故事中的“幸福傻女人”一样，只要自己的思想不复杂，那么他（她）就可以很轻易，很简单地获得幸福，其实幸福就在简单之中。

人们常谈什么才是幸福的话题，甚至苦于找不到所谓的幸福。其实人们的幸福感始终决定于人们的欲望。欲望愈多，幸福就越少，痛苦就多。

物质是有限的，而欲望是无穷的，所以说，知足就能常乐，清心寡欲就能幸福常在，保持一颗简单的平常心，就能时常感受到生活的喜悦，生活的幸福。

简单就是幸福，人要获得幸福很简单，例如阔别的亲人团聚是种幸福，被人关心、牵挂是种幸福，有份真挚的友情是种幸福……幸福就这么简单。

但是生活中却总有那么一些女性，把自己本来简单的幸福搞得十分复杂。甚至为了一时的虚荣，将自己原本清晰的面部细节一涂再涂，一抹再抹，结果，丢了自己。所以，爱美的、追求幸福的女人们一定要记住，简单美才是真的美，只要拥有一双善于发现美的眼睛，美和幸福就在你身边。

心 理 指 南 ↓

简单地生活，就能轻易地体验到生活中的幸福，感受到美的气息，所以，女人要学着简单地生活，平淡地过好自己的每一天，因为简单就是幸福。

1.知足常乐

有人说，幸福=收入/欲望，即收入越多，幸福感越强，欲望越多，幸福感越弱。所以，知足就能常乐，减少不必要的欲望就能使幸福永存。保持一颗平常心，简单地看待生活中的一切，你就会获得幸福。

2. 降低虚荣心

很多时候，人们之所以追求一些繁杂的、肤浅的东西，都是虚荣心在作怪，追求的结果更是苦不堪言。如果能够放下这份虚荣，你得到的不仅是一份活在真实中的感觉，更将会获得一份安静，一份平和。

七、自信是女性幸福的源泉

> 如果一个人总是笼罩在自卑的阴影下，就如同给自己的心灵套上了枷锁，沉重不堪。但是，如果能够认清自己的处境，相信自己能行，搬掉心底的巨石，换个角度看问题和困境，那么，再多的苦难也终会无影无踪。

一个年轻的墨西哥女人随丈夫移居美国，她心里充满了对丈夫的感激，因为他将要带她开始一种崭新的生活，而且她相信，这种新生活是快乐的，是充满希望的。然而，还没有抵达美国，丈夫就不明原因地离她而去，留下迷茫的她和两个嗷嗷待哺的孩子，她不知道下一步该如何办。然而，两天的迷茫之后，她还是做出了一个艰难的决定，前往加州，即使那里没有一个亲人和朋友。于是她用仅剩的一点钱买了去加州的火车票。

刚到加州的时候她一无所有，她在一家墨西哥餐馆打工，同时，她也试图寻找属于自己的工作。后来，她开了一家墨西哥小吃店，专门卖墨西哥肉饼。一天，她拿着辛辛苦苦攒下来的一笔钱，跑到银行申请贷款，她说："我想买下一间房子，经营墨西哥小吃，如果你肯借给我几千块钱，那么我的愿望就能够实现。"一个陌生的外国女人，没有任何财产做抵押，也没有可以给她做担保的亲戚朋友，连她自己都不知道能否成功。但是很幸运，这家银行的经理很佩服她的胆识，决定冒险投资一把。15年后，这家小吃店扩展成美国最大的墨西哥食品批发店。她就是拉蒙娜·巴努宜洛斯。

这是一个平凡女人由自信带来的成功。自信给了她战胜命运的勇气，也给了她聪明和智慧，促使她白手起家来寻求生命的出路，最终她成功了。知道吗？她常挂在嘴边的一句话就是："我能行，因为我相信我能行。"

任何人都可以成功，只要你敢肯定自己，有足够的自信，就有成功的希望。即使你一时没有成功，但是你收获了一种心态，一种经历。

英国的赫伯特说过："只要心中充满自信，没有一件不能做的事。本领加信心是一支战无不胜的军队。"女人一定要自信，它是一种别样的人生财富。要相信，拥有自信，你才是最美丽的女人！而女人如果在事业之路上拥有了自信，就会拥有很多成功的机会。

心 理 指 南 ↓

千百年来的世俗观念让一部分女性失去了自信，尽管她们有追求成功和幸福的冲动，但缺少走出世俗的信心和勇气。不过，要想让自己的生活过得有声有色，就一定要冲破"女人是弱者"的思维定式，相信自己"我能行"。

1．发挥自己的长处

世上的人，千差万别，各有所长，各有所短。如果做不适合自己的事情，拿自己的短处与别人的长处相比，就很容易产生自卑感。所以，做事的时候一定要学会扬长避短。

2．不要轻易放弃

信心是在不断努力、不断进步中逐步建立的，半途而废是造成缺乏自信的重要原因。所以，凡是我们认为应该做而且已经着手做的事情，就不要轻言放弃。

3．丰富业余爱好

缺乏自信的女性通常兴趣爱好比较少，她们把自己封闭起来，缺乏建立正常人际关系的信心。如果能放松自己，培养兴趣爱好，多参加一些集体活动，注意力就不会过于集中在自己的不足方面，自信就会向你走来。

八、智慧是永不退色的美丽

有位作家说过：智慧是优秀女人贴身的黄金软甲，是女人纤纤素手中的利斧，可斩征途上的荆棘，可斩身边的烦恼。智慧是阅历、经验、胆量三者的统一，它能够让世界更精彩，让自身更完美，让生活更幸福。

2007年的中国美女评选活动中，杨澜位居榜首。她的美丽不仅仅是因为她的漂亮，更是因为她的智慧，她的自信。

在杨澜现代版的成功神话中，最经典的两个字就是"智慧"。一路走来，杨澜一直都很清楚自己想要的是什么，下一步该做什么。正如她自己所说："一个人要想成功的话，最重要的就是先要明白自己到底要干什么。"这一点不仅体现了杨澜优秀主持人的素质，更体现在她对人生机遇的把握。例如她懂得放弃。对于一般人来说，很难在事业辉煌的时候放弃，但是杨澜舍得。她在事业如日中天之际，放弃了正大综艺主持人的位置，选择了出国留学，又在归国后事业刚起步时，放弃工作，生儿育女。她说："如果你需要家庭的话，那它就成为你生命的一部分。要家庭还是要事业，就好像问你要左腿还是右腿，我觉得这是没有意义的。当两者有矛盾时，要看轻重缓急来取舍。"杨澜深知，一个温馨而健全的家庭对一个女人有多么重要，因为家在任何时候都是自己最坚实的依靠。

杨澜，智慧女人的典型代表。虽然她不十分漂亮，但她却凭智慧成为最美的女人。一个女人除了美貌之外，要想青春永驻，就必须具备气质、内涵和智慧，否则亮丽只能是一时的，而智慧才能让美丽更圆润，更持久。只会穿衣打扮和逛街看戏的女人，内涵是苍白的，人生的底蕴也是浅薄的。只有有了智慧，生命才会精彩纷呈。

台湾作家曹又方说："女人可以不美丽，但不能缺乏智慧。"因为"唯有智慧可以重赋美丽，使美丽长驻，使美丽有质的内涵。"智慧要胜过容颜，它可以超越青春，超越年龄，因为心智不衰，智慧之美也将永驻。而一个拥有智慧的女人是温柔的、超脱的、聪明的、自信的、从容的。"石韫玉而山晖，水怀珠而川媚"，这就是智慧赋予女性的魅力。

心 理 指 南 ↓

智慧是人生体验到极至的感悟，是人生感悟极至的平静。一个充满智慧的女人，她不会过于在意美丽的容颜，漂亮的装扮，婀娜的体态，她不会让自己缺少思想、学识、自信和良好的修养，真正让一个女人光彩一生的正是这些。

1．积累经验丰富你的智慧

一个人的生活经验越丰富，智慧就越多，判断和推测能力就会越强，人也就越成熟。想要拥有智慧，就应该时时注意观察生活和事业中的各种现象，并勤于动脑思考，在实践中加以检验。随着经验的增长，你的智慧会变得越来越多。

2．注意日常生活细节

想要做个智慧女人，就需要让智慧飘荡在生活的每一个角落。其实，你不必刻意地去修饰，顺手拈来的几个小细节，就足以显示。你可以把卧室布置得温馨一些，用上粉红色窗帘，让浪漫洒满整个房间；可以把客厅打扫得一尘不染，让家人感受到你的勤劳；可以在书房里尽情驰骋于知识的海洋，做一个喜欢读书的女子；可以在办公室里保持自己最优雅的微笑，让笑容传递你的真诚和谦虚……

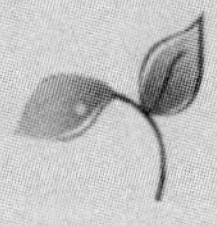

处世有"心"计，做潇洒女人；
婚恋有"心"思，做幸福女人。

职场有"心"眼，做成功女人；
理财有"心"招，做富裕女人。